Tucholsky Wagner Zola Scott Sydow Schlegel
Turgenev Wallace Fonatne Freud
Twain Walther von der Vogelweide Fouqué Friedrich II. von Preußen
Weber Freiligrath Frey
Fechner Weiße Rose von Fallersleben Kant Ernst Frommel
Fichte Richthofen
Engels Fielding Hölderlin
Fehrs Faber Flaubert Eichendorff Tacitus Dumas
Eliasberg Ebner Eschenbach
Feuerbach Maximilian I. von Habsburg Fock Eliot Zweig
Goethe Ewald Vergil
Mendelssohn Balzac Shakespeare Elisabeth von Österreich London
Lichtenberg Rathenau Dostojewski Ganghofer
Trackl Stevenson Hambruch Doyle Gjellerup
Mommsen Tolstoi Lenz Hanrieder Droste-Hülshoff
Thoma von Arnim
Dach Verne Hägele Hauff Humboldt
Karrillon Reuter Rousseau Hagen Hauptmann Gautier
Garschin
Damaschke Defoe Hebbel Baudelaire
Descartes Hegel Kussmaul Herder
Wolfram von Eschenbach Darwin Dickens Schopenhauer Rilke George
Bronner Melville Grimm Jerome Bebel Proust
Campe Horváth Aristoteles
Bismarck Vigny Barlach Voltaire Federer Herodot
Gengenbach Heine
Storm Casanova Tersteegen Gilm Grillparzer Georgy
Brentano Chamberlain Lessing Langbein Gryphius
Strachwitz Claudius Schiller Lafontaine
Bellamy Schilling Kralik Iffland Sokrates
Katharina II. von Rußland Gerstäcker Raabe Gibbon Tschechow
Löns Hesse Hoffmann Gogol Wilde Vulpius
Luther Heym Hofmannsthal Klee Hölty Morgenstern Gleim Goedicke
Roth Heyse Klopstock Puschkin Homer Kleist
Luxemburg La Roche Horaz Mörike Musil
Machiavelli Kierkegaard Kraft Kraus
Navarra Aurel Musset Lamprecht Kind Kirchhoff Hugo Moltke
Nestroy Marie de France Laotse Ipsen Liebknecht
Nietzsche Nansen Lassalle Gorki Klett Ringelnatz
Marx Lawrence Leibniz
von Ossietzky May vom Stein Knigge Irving
Petalozzi Platon Michelangelo Kafka
Sachs Pückler Liebermann Kock
Poe
de Sade Praetorius Mistral Zetkin Korolenko

Dit boek is onderdeel van de **TREDITION CLASSICS** serie. De makers van deze serie zijn verbonden door hun passie voor literatuur en gedreven met de bedoeling om alle publieke domein boeken weer gedrukte vorm beschikbaar te maken - wereldwijd.

De meeste geprinte **TREDITION CLASSICS** titels zijn al decennia verdwenen uit de boekenkasten. Bij tredition geloven wij dat een goed boek nooit uit de mode is en dat zijn waarde voor eeuwig is. Deze boeken serie helpt bij het behouden van de literatuur schatten. Het draagt bij in het behouden van prachtige wereldliteratuur werken.

Johannes Gutenberg, de uitvinder van Movable Type afdrukken (1400 – 1468) is het symbolische figuur van deze serie die enkele tienduizenden titels bevat.

Alle titels van deze serie **TREDITION CLASSICS** zijn beschikbaar als paperback en hardcover. Voor meer informatie over deze unieke serie en over tredition willen we u verwijzen naar: www.tredition.com

tredition is opgericht in 2006 door Sandra Latusseck & Soenke Schulz. Met kantoor in Hamburg Duitsland, tredition bied auteurs, uitgeverijen oplossing voor publiceren gecombineerd met een wereld wijde distributie voor zowel het gedrukte boek als het digitale boek. tredition heeft de unieke positie om auteurs en uitgeverijen boeken te laten creëren op hun eigen voorwaarden en zonder de conventionele productie risico's.

De Vegetarische Keuken
Kookboek van den
Nederlandschen Vegetariërsbond

E. M. Valk-Heijnsdijk

Impressum

Dit boek maakt deel uit van TREDITION CLASSICS.

Auteur: E. M. Valk-Heijnsdijk
Cover design: toepferschumann, Berlijn (Duitsland)

Uitgever: tredition GmbH, Hamburg (Duitsland)
ISBN: 978-3-8495-3935-1

www.tredition.com
www.tredition.de

Copyright:
De inhoud van dit boek is afkomstig van het publieke domein.

De bedoeling van de TREDITION CLASSICS serie is om de wereldliteratuur beschikbaar te maken in gedrukte vorm via het publieke domein. Lieteraire liefhebbers en organisaties hebbe wereldwijd gescanned en digitaal de oorspronkelijke teksten bewerkt. tradition heeft vervolgens de inhoud geformatteerd en de inhoud opnieuw ontworpen in een moderne te lezen layout. Daarom kunnen wij niet garanderen dat de exacte reproductie van het originele formaat van een bepaalde historisch editie. Houd er dan ook rekening meet dat er geen wijzingen zijn aangebracht in de spelling, dus deze kan afwijken van de huidige spelling die vandaag te dag word gebruikt.

De Vegetarische Keuken.

De Vegetarische Keuken.

Kookboek van den

Nederlandschen Vegetariërsbond

Bevattende

600 recepten.

Vierde druk, herzien en vermeerderd
Door
E. M. Valk-Heijnsdijk,

Directielid der N.V.: Veget. Hotel-Restaurant "Pomona" gevestigd
te 's-Gravenhage

Almelo — W. Hilarius Wzn.
[I]

Inhoud.

1. Inhoud
2. Voorbericht
3. Hoofdstuk I. Raadgevingen voor wie vegetarisch wenschen te gaan leven
4. Hoofdstuk II. Soepen
    1. *A* Botersoepen
    2. *B* Zoete Soepen34
5. Hoofdstuk III. Voorgerechten
6. Hoofdstuk IV. Eiergerechten
7. Hoofdstuk V. Sausen en vla's
    1. *A* Warme sausen
    2. *B* Koude sausen
    3. *C* Vruchtensausen
    4. *D* Melksausen
    5. *E* Vla's en crême's
8. Hoofdstuk VI. Hoofdgerechten van jonge planten en jonge plantendeelen
    1. *A* Stengel- en worteldeelen
    2. *B* Bladgroenten
    3. *C* Koolsoorten
    4. *D* Jonge peulvruchten
    5. *E* Gedroogde en ingezouten jonge plantendeelen
    6. *F* Gestoofde vruchten en compotes
    7. *G* Gestoofde kernvruchten

[II]

9. Hoofdstuk VII. Hoofdgerechten uit rijpe peul- en graanvruchten in gedroogden staat
    1. *A* Gedroogde rijpe peulvruchten
    2. *B* Gedroogde rijpe graanvruchten in ongebroken vorm
    3. *C* Gedroogde rijpe graanvruchten in brij- en papvorm
    4. *D* Knoedels
10. Hoofdstuk VIII. Panspijzen

11. Hoofdstuk IX. Slaschotels
    1. *A* Eenvoudige slaschotels
    2. *B* Gemengde slaschotels
12. Hoofdstuk X. Brood
    1. *A* Ongerezen brood
    2. *B* Gerezen brood van ongebuild meel
    3. *C* Gerezen brood van gebuild meel
13. Hoofdstuk XI. Nagerechten
    1. *A* Warme puddingen
    2. *B* Koude puddingen
    3. *C* Taartenkorst, glazuur
    4. *D* Struif, taarten en andere gebakken
14. Alphabetisch Register

Voorbericht.

Toen vijftien jaar geleden de eerste uitgave verscheen van het *Kookboek van den Nederlandschen Vegetariërsbond* droeg het Bondsbestuur mij als secretaris op, het voorbericht en de inleidende hoofdstukken te schrijven. Bij de volgende uitgaven, telkens door mijn vrouw herzien en vermeerderd, werd mij eveneens die taak toebedeeld, het boek bij het publiek in te leiden.

Al heeft zich sedert de eerste uitgave in 1906 het vegetarisme een plaats in ons land veroverd en verkrijgt het bij het groote publiek niet alleen door het gesproken en geschreven woord, maar ook en misschien meer nog door druk bezochte hotels en restaurants meer en meer bekendheid, toch zullen zij, die het Kookboek ter hand nemen, wel willen weten in welk opzicht een vegetarisch kookboek zich nog op andere wijze van de overige keukenboeken onderscheidt dan door het weglaten van recepten voor vleesch- of vischbereiding.

Voor deze belangstellenden het volgende:

In den historischen tijd is de mensch steeds verder en verder afgeweken van de natuur. Wij hebben licht en lucht noodig en wij sluiten ons op in half donkere en bedompte vertrekken. Wij slapen 's zomers gedurende een groot deel van den dag, terwijl het zonlicht door de luiken of gordijnen van onze gesloten vensters wordt tegengehouden en bij kunstlicht brengen wij een groot gedeelte van den nacht door. Wij hebben rust noodig na vermoeiende inspanning, maar wij verdooven het gevoel van vermoeidheid door bedwelmende of prikkelende middelen, zoowel bij het rooken van tabak als bij het drinken van koffie, [II]thee en alcoholische dranken. Wij zouden met weinig onbezorgd kunnen leven, opbouwend ons eigen geluk en dat van anderen, maar wij verkiezen een onrustig bestaan, omdat wij het een voorrecht achten, te kunnen baden in weelde, hakend naar bezit om te kunnen voldoen aan door ons zelf geschapen behoeften, die minst genomen overbodig zijn, waardoor wij bijna altijd onnoodig lijden brengen over ons zelf en over anderen.

Vóór de toepassing van het vuur was onze voeding beperkt tot wat in rauwen staat eetbaar en smakelijk was: tot zoete noten en sappige vruchten, tot eetbare groene bladuitspruitsels en tot smakelijke wortels en stengeldeelen. Maar met de toepassing van het vuur is men gekomen tot gerechten, die met veel moeite en kosten door de kunst van den kok op het vuur zijn gekookt, gestoofd, gebakken en gebraden uit dingen, die zonder zulk een kunstbewerking meestal niet of moeilijk verteerbaar zouden zijn, vaak zelfs uit dingen, die in rauwen staat walging bij ons wekken.

Het vegetarisme nu is de weg tot vereenvoudiging van het leven, een terugkeer naar de natuur; dus een vegetarisch kookboek moet zijn een vraagbaak voor hen, die dezen weg willen bewandelen.

Mogelijk vraagt de een of ander, of het dan niet beter is de uitgaaf van een vegetarisch kookboek achterwege te laten en zich te bepalen tot de aanprijzing van een dieet, bestaande uit noten, vruchten en eetbare wortels. Laat ik hierop antwoorden, dat de maatschappij niet anders dan langzaam en geleidelijk den terugweg kan begaan.

Wie als individu den sprong verkiest te doen, die doe het, als hij zich niet belemmerd ziet door hinderpalen in zich zelf of in zijn omgeving, en zijn moed zal in dat geval niet onbeloond blijven. Maar wij zouden de dingen zien, zooals wij ze wenschten, en niet zooals ze werkelijk zijn, als wij de mogelijkheid onderstelden, dat op een bloote aanprijzing van een noten- en vruchtendiëet de maatschappij eensklaps afstand deed van haar [III]eet- en drinkgewoonten, om zich te vergenoegen met hetgeen de natuur den mensch in rauwen staat eetbaars aanbiedt.

Zien wij de dingen echter zooals ze werkelijk zijn, dan komen wij tot het inzicht, dat hoe grooter in den aanvang het aantal personen zal worden, dat zich beperkt tot een voeding, waarbij de kunst van den kok of de kookster ontbeerd kan worden des te grooter de behoefte zal zijn aan een kookboek, bij hen die gaan twijfelen of het vleesch toch wel zoo strikt noodig is om te blijven bestaan, en die of ter wille van de humaniteit of ter wille van de gezondheid, of ook ter wille van religieuse of verstandelijke overwegingen met het vleeschgebruik wenschen te breken en bewust of onbewust verlangen terug te keeren tot de Natuur.

Voor dezen, die zich niet dadelijk kunnen onttrekken aan allerlei overgeërfde gewoonten, zal een keukenboek een behoefte zijn, waarin zij recepten vinden, die hen verzoenen met het gemis van het tot heden zoo opgehemelde vleesch; een boek, dat hun aanwijzingen geven kan, hoe zij zich met een vegetarische levenswijze gezonder kunnen voeden dan op de gewone wijze het geval is.

Hier volgen eenige algemeene regels, die ook niet-vegetariërs wel mogen lezen. Deze regelen betreffen in de eerste plaats het eten zelf.

Men overwege:

1e dat de vertering in den mond begint.

2e dat het kauwen de eenige werking van het verteringsproces is, die aan den wil is onderworpen.

3e dat van een gezond gebit dus veel afhangt voor een goede spijsvertering.

4e dat van de verteringsorganen, die niet onder onzen wil staan, geen onredelijken arbeid mag worden gevorderd.

5e dat ook deze organen na verrichten arbeid rust behoeven.

Uit deze overwegingen volgen deze algemeene regels: [IV]

I. Houd mond en tanden rein.

II. Gebruik geen te heete noch te koude spijs of drank.

III. Kauw rustig de spijzen fijn.

IV. Eet geen onverteerbare, of moeilijk te verteren dingen.

V. Gebruik geen spijzen of dranken, die gif bevatten.

VI. Eet niet te veel ineens.

VII. Laat tusschen twee maaltijden minstens vijf uur verloopen.

VIII. Vast van tijd tot tijd, vooral wanneer blijkt, dat de verteringsorganen niet behoorlijk werken en zij dus behoefte hebben aan volstrekte rust.

In de tweede plaats betreffen de algemeene regels de bereiding; zij luiden:

I. Bereid de spijzen zoo, dat ze met smaak gegeten worden; want wat met smaak gegeten wordt, verteert gemakkelijker dan wat met tegenzin wordt gebruikt.

II. Houd rekening ook met een bedorven smaak, doch zorg dat de smaak, langzaam maar zeker gelouterd wordt.

III. Geef acht, dat de spijzen niet te hard koken, want met den waterdamp worden de meest smakelijke, vluchtige deelen door de lucht verspreid.

IV. Werp geen weekwater weg en kook geen groenten of andere spijzen af, want met het water worden de voor de gezondheid zoo hoog belangrijke voedingszouten weggeworpen.

V. Beproef geen spijzen smakelijk te maken door sterke kruiden en andere schadelijke ingrediënten, want deze kunnen in drieërlei opzicht schadelijk werken:

1e doordat zij door den hevigen prikkel de verteringsorganen te sterk aantasten, waardoor deze eerst tijdelijk en door herhaald gebruik later bij voortduring in een lijdenden toestand komen.

2e doordat zij aanzetten tot een overmatig gebruik van voedsel en elk "teveel" gif vormt in het lichaam. [V]

3e doordat de meeste dezer ingrediënten een of meer giftige stoffen bevatten, die voorbijgaande of chronische ongesteldheden veroorzaken.

VI. Draag zorg, dat gij geen potten, pannen of ander vaatwerk aanschaft, die oorzaak kunnen worden, dat er gif in de spijzen komt.

VII. Weest zindelijk op het vaatwerk en de te bereiden spijzen. Spaar het waschwater niet, want nalatigheid in deze dingen kan ook oorzaak worden van vergiftiging.

Wie van het vegetarisme meer wil weten kan zijn weetgierigheid bevredigen in Hoofdstuk I.

Ook namens mijn vrouw uit ik den wensch, dat de nieuwe uitgave niet minder dan de drie eerste moge bijdragen tot een meer en meer algemeene toepassing van de vegetarische leefwijze.

Den Haag, October 1911. M. VALK LZ. [7]

Hoofdstuk I.

Raadgevingen voor wie vegetarisch wenschen te gaan leven.

Staan wij door onze kennis van een aantal zaken boven os en ezel, in het vermogen het voor ons meest geschikte voedsel te kiezen staan wij beneden deze dieren, die zoo vaak als toonbeelden van domheid worden aangehaald.

Zij toch weten, door hun instinct geleid, het voedsel te zoeken, dat voor hen het meest geschikt is. Maar bij den mensch is al op vroegen leeftijd door dwang en door *zucht tot navolging* en later door *gewoonte* en door *gebrekkige wetenschap* gepaard aan *traagheid in het denken* en niet weinig door een *afgedwaalde kookkunst* het instinct bedorven, ook de gids die als trouwe wachter vlak boven den mond geplaatst is.

Met zachten of harden *dwang* worden jonge kinderen genoodzaakt spijzen en dranken te slikken, waarvan ze een natuurlijken afkeer hebben, maar die hun ouders heel goed voor hen vinden.

Zijn de kinderen wat grooter, dan strekken ze de handen gretig uit naar allerlei genotmiddelen, die zij volwassenen zien genieten en ze zijn er trotsch op, hun sigaar en hun glas alcoholhoudenden drank even goed te kunnen verdragen als hun ouders en leermeesters.

Dat is de schaduwzijde van de *zucht tot navolging*, waaraan de mensch in vele andere opzichten zooveel verplicht is.

Wat eenmaal *gewoonte* is geworden bij het individu of in de maatschappij, wordt dikwijls voor een werkelijke behoefte gehouden, zèlfs bij beter inzicht niet gemakkelijk afgewend. [8]Gewoonte maakt vele soort van arbeid minder zwaar, doet menig lijden lichter dragen maar kan ook heerschen als tiran.

Ik wil geen kwaad zeggen van *gebrekkige* of *halve wetenschap*. Wetenschap is uit den aard der zaak nooit volledig. Maar de fout schuilt niet in de onvolledigheid der wetenschap, maar hierin, dat de mensch *traag in het denken*, een oordeel op onvoldoende gegevens bouwt of klakkeloos van anderen overneemt.

Ongelooflijk veel kwaads heeft onze *afgedwaalde kookkunst* aangericht, die er sedert eeuwen op uit is een bedorven smaak te streelen.

Gelukkig, dat de *rede* den mensch tot het inzicht brengt, dat hij ten opzichte zijner leefwijze op een verkeerden weg is.

De gemeenplaats "vleesch maakt vleesch" de leuze onzer hedendaagsche kookkunst heeft veel kwaad gebrouwd, daar ze het geloof algemeen maakt, dat eiwitarm voedsel geen spieren of knoken geeft. Maar het haasje dan, op wiens knoken de jachthonden hun tanden stomp knagen, gebruikt dat dan biefstuk en eieren, melk of bouillon? Het diertje leeft van koolbladeren, van kroten en van wat klaver en als een sneeuwkleed de akkers bedekt, stilt het zijn honger met den bast van boomen en struiken. Toch kan het een geduchte spierkracht ontwikkelen. De Engelsche natuuronderzoeker Romans heeft in de sneeuw de sporen van een gejaagden haas gemeten en voor de spanwijdte van iederen sprong 12 à 13 Engelschen voet gevonden, d. i. daar de Eng. voet eene lengte van 30½ cM. heeft, eene spanwijdte van meer dan 3½ tot bijna 4 Meter.

Ook in een ander opzicht, doet de leus "vleesch maakt vleesch" kwaad: ze doet namelijk gelooven, dat vleesch het voedsel bij uitnemendheid is en toch levert geen soort van voedsel meer gevaar op dan hetwelk van gedoode dieren afkomstig is. Nemen we het gunstigste geval, dat nl. een volkomen gezond beest wordt geslacht, dan nog bevinden zich in het gedoode dier tal van ontledingsproducten, w. o. giftige stikstofverbindingen, als creatine, creatinine, isoninezuur enz., die de afscheidingsorganen van het dier zouden hebben weggevoerd, [9]als het in het leven ware gebleven, maar nu met het vleesch in de maag van den gebruiker terecht komen. De organen van den vleescheter hebben dus niet alleen de ontledingsproducten af te voeren, die zich in zijn eigen lichaam vormen, maar ook die, welke zich in het lichaam van het gedoode dier hadden gevormd. Maar het geval is nooit zoo gunstig; in den regel toch eet men het vleesch van gemeste dieren, d. w. z. van dieren, bij welke men op kunstmatige wijze een vetziekte heeft doen ontstaan. Daarenboven bereidt men geen vleesch, voordat het *bestorven* is, m. a. w. niet voordat de lijkverstijving reeds heeft opgehouden en de ontbinding dus *merkbaar* is ingetreden, al verraadt die zich nog niet altijd aan onze afgestompte reukorganen.

Eindelijk eet men het vleesch nooit in den toestand, dat het het lichtst verteerbaar is, nl. ontoebereid. Eerst maakt men het in mindere of meerdere mate onverteerbaar door het te koken, te braden, te rooken, te pekelen, met zout en kruiden toe te bereiden, om er toch vooral den weerzinwekkenden flauwzoeten bloedsmaak aan te ontnemen.

Ook het verschijnsel, dat het aantal moeders, die niet in staat zijn haar kinderen te zoogen, steeds toeneemt, juist het meest in die klassen, waarin volop gebruik gemaakt wordt van vleesch, melk, eieren, bouillon, van zoogenaamde versterkende middelen, brengt tot het inzicht, dat wij met ons vleeschgebruik op den verkeerden weg zijn. Maar niet alleen de rede, ook het *zedelijk gevoel*, dat bij hooger ontwikkeling zich verzet heeft tegen kannibalisme en slavernij, tegen pijnbank en doodstraf, doet den mensch meer en meer beseffen, dat hij het recht mist tot streeling van zijn smaak het dier voor een lijdend leven en gewelddadigen dood aan te fokken.

Onder de dierenvrienden zou het aantal, die een vegetarische leefwijze volgen, zeker grooter zijn als de overtuiging algemeen was, dat die leefwijze *kracht* in plaats van *zwakte* en *gezondheid* in stede van *ziekte* te voorschijn roept. Daar de meening vrij algemeen verspreid is, dat de vegetarische leefwijze nergens [10]anders in bestaat dan in de verwerping van vleesch en visch en bij *sommigen* van *alle* dierlijk voedsel, komt het meer dan eens voor dat personen, die tot een vegetarische leefwijze waren overgegaan zonder zich voldoende op de hoogte te hebben gesteld, wat zij bij den overgang tot een vleeschdiëet te doen en te laten hadden en welke verschijnselen van zulk een overgang te wachten waren, tot de meening komen, dat zij niet sterk genoeg zijn om de nieuw aangenomen leefwijze vol te houden. Van zulke bekeerlingen ondervindt het vegetarisme meer kwaad dan goed: want mislukte proeven lokken niet tot navolging uit.

Algemeen geldende regels te geven bij den overgang tot een vegetarisch diëet is niet doenlijk. Waren alle menschen gezond, verkeerden onze spijsverteringsorganen in ongekrenkten staat, dan zou dat beter gaan. Maar ieder weet, hoe ongelukkig het bij velen is gesteld met de tanden, zeer dikwijls al op zeer jeugdigen leeftijd. Bij de maag, lever, darmen en andere organen loopt dat niet zoo in het oog, maar wij mogen helaas daaruit niet tot de gevolgtrekking besluiten, dat het met die organen niet zoo erg is gesteld. Lijkopeningen bij verongelukten bewijzen dat deze organen even goed als de tanden reeds op betrekkelijk vroegen leeftijd de sporen dragen van een verkeerde levenswijze.

En dikwijls wordt de verslapping dier organen voor sterkte aangezien. Er zijn drinkers en rookers, die in ernst meenen, dat hun maag sterker is geworden, sedert dat orgaan zich niet meer verzet tegen alcohol- of nicotinegif. Wat is echter het geval: de maag heeft den strijd, die haar krachten te boven ging, moeten opgeven — en de rooker of drinker, die nu geen last meer ondervindt van den strijd, gaat onbekommerd voort, nu hij er tegen kan, zooals hij meent, totdat het orgaan op het laatst door het gif geheel of gedeeltelijk verwoest, niet meer in staat is zijn dienst naar behooren te verrichten.

Maar ook het tegenovergestelde heeft plaats. Velen die van een onnatuurlijke levenswijs tot een natuurlijker zijn overgegaan, meenen, dat *zij* niet in staat zijn om die natuurlijker levenswijze [11]te volgen; want nu ondervinden zij last van *deze* en *die* spijzen, die hun vroeger in het geheel niet bezwaarden. Tot schade van het orgaan, dat blijk geeft van aanvankelijke versterking, als het zich verzet tegen spijzen, die minder dienstig zijn, keeren dan velen tot hun onnatuurlijke en onredelijke voeding terug.

Daarom wie van het gemengd diëet wil overgaan tot een verstandige vegetarische voeding, bedenke, voordat hij met de nieuwe levenswijze begint, dat een orgaan, dat door een ondoelmatige voeding ziek is geworden, die ziekte niet kenbaar maakt, zoolang het gedurende die ondoelmatige voeding nog kracht genoeg bezit om de diensten te bewijzen, die er van gevergd worden; maar dat het wel zal gaan waarschuwen tegen het gebruik van voedsel, dat zijn herstel in den weg staat, als men de ongeschikte voeding door een natuurlijk diëet heeft vervangen. Last, pijn, koorts *kunnen* bewijzen zijn van beterschap.

Op nog een paar andere zaken dient hen gewezen te worden, die tot een natuurlijk diëet wenschen over te gaan. Men is tegenwoordig zoo geneigd toeneming van gewicht te vereenzelvigen met gezondheid en afneming van gewicht met ziekte, dat velen onverwijld tot hunne oude vleeschpotten wederkeeren, als zij merken dat tengevolge van het vegetarisch diëet hun vet verloren gaat. Dat is te meer het geval, omdat de arbeid, die noodig is om het overtollige vet te verwijderen bij hen een gevoel van slapte veroorzaakt, voornamelijk dan merkbaar als de eerste jeugd voorbij is. Die zwakte is echter van tijdelijken aard en kan, zoo al niet *geheel* toch *voor een groot deel* voorkomen worden door een langzamen overgang.

Een langzame overgang is bovendien nog gewenscht omdat een plotselinge onthouding van prikkels, waaraan men gewoon is geraakt, aanleiding tot stoornis geeft. Bij hen bijv. die aan alcohol of morphine zijn verslaafd geraakt, kan een plotselinge onthouding leiden tot tijdelijken waanzin. De overprikkelde hersenen, gewend aan den dagelijks terugkeerenden prikkel, komen, nu zij dien missen, in een staat van tijdelijke verslapping. Een soortgelijke verslapping is bij de spijsverteringsorganen te verwachten [12]als de dagelijks terugkeerende prikkels op eenmaal wegblijven.

Bij een langzamen overgang kan men al dadelijk geheel weglaten alles, wat met de gezondheid strijdt en slechts *van tijd tot tijd* genoten wordt. Dan volgt alles, waarvan men min of meer een afkeer heeft, maar wat men gebruikte, omdat men valschelijk meende er zijn gezondheid mee te bevoordeelen. Tevens vermindert men het gebruik van allerlei prikkels die men dagelijks gebruikt, totdat men geleidelijk er toe komt ze geheel te kunnen ontberen.

Bevindt men onderwijl, dat ons de eene of andere spijs, op welke wijs ook toebereid, niet goed bekomt, dan ziet men daarvan af, al is het ook ons lievelingsgerecht bij uitnemendheid, tot de organen weer zoover versterkt zijn, dat ze die spijs zonder nadeelige gevolgen kunnen verdragen. Dikwijls is een andere bereidingswijze al voldoende. Spijzen toch, die door sommigen gebakken niet verdragen worden, kunnen door diezelfde personen zonder bezwaar in rauwen of gekookten staat worden genuttigd. Anderen zullen dezelfde spijs niet rauw kunnen verdragen, maar ze zonder bezwaar gekookt kunnen eten. Dat verschijnsel zal zijn oorzaak misschien hierin vinden, dat bij den een *deze* bij den ander *die* verteringssappen van minder goede hoedanigheid zijn of in te geringe mate worden afgezonderd.

Ook uit dezen hoofde en dus niet alleen om het verschil van smaak is het goed, dat een keukenboek meer dan ééne bereidingswijze geeft.

Oordeelkundig kan men de hedendaagsche bereiding der spijzen over het algemeen niet noemen. Vaak wordt de smakelijkheid opgeofferd aan schoonen vorm en kleur. Zoo wordt de bloemkool bijv. om ze mooi wit op tafel te krijgen bij herhaling in ruim water afgekookt, het onsmakelijk riekend vocht, dat men uit de kool heeft geloogd, vindt zijn weg door den gootsteen en aan het smakeloos koolgerecht weet men een pikanten smaak mee te deelen door een saus van melk, boter, eieren, bloem, rijkelijk gekruid met foelie of notemuskaat, in het geheel [13]niet gelijkend op den eigenaardigen fijnen smaak van bloemkool, bereid als in dit kookboek wordt voorgeschreven.

Vaak ziet men, dat op smakelijkheid of op het behoud van voedende kracht geheel geen acht wordt geslagen, als bijv. de spijzen op een veel te sterk vuur zijn gezet, zoodat de damp de geheele keuken vervult en naar buiten ontsnapt, alsof het er om te doen ware den buren haarfijn te doen weten, wat er zal worden opgedischt.

Bij een oordeelkundige wijze van bereiding der spijzen dient in de eerste plaats acht gegeven te worden, dat ze zoo weinig mogelijk van hun voedende kracht verliezen; in de tweede plaats, wat gelukkig haast altijd met den eersten eisch hand aan hand gaat, dat de spijs den smaak, die haar van nature eigen is, zooveel mogelijk behoudt; in de derde plaats, dat het voedsel geen bestanddeelen mag bevatten, die voor de gezondheid nadeelig zijn en eindelijk, wat niet als minst belangrijke eisch mag beschouwd worden, dient men in het oog te houden dat het voedsel noch te veel noch te weinig van onze spijsverteringsorganen mag vorderen.

Om aan de twee eerstgenoemde eischen te voldoen zorge men, dat de spijzen niet te hard koken. In dat geval toch ontsnappen met den damp het eerst die bestanddeelen, welke het gemakkelijkst oplossen en daartoe behooren in den regel de geurigste en die welke het gemakkelijkst verteerbaar zijn.

Als men vruchten en groenten met niet te veel water op een zacht vuur laat gaarkoken, gaan die voedende en geurige bestanddeelen niet verloren. Bij versche bladgroenten is gemeenlijk niet meer noodig dan wat na het wasschen aan de bladeren blijft hangen. Soms is dat nog te veel. Gedroogde graan-, peul- en boomvruchten moeten daarentegen ruim worden opgezet (voordeelig is het ze eerst in zacht water te weeken) opdat de cellen het noodige water kunnen opnemen. Wanneer weeking aan koken is voorafgegaan, worden ze in het weekwater gekookt. Heet water dient men bij de hand te hebben om te kunnen bijboeten als er water te kort mocht komen. [14]Het zoogenaamde *laten schrikken* met koud water is verkeerd, omdat door de plotselinge verlaging van warmtegraad de celhuidjes een verandering ondergaan, waardoor ze niet meer week kunnen worden.

Evenmin als men water mag te kort komen, mag men water overhouden. Meestal is er genoeg om, waar dat noodig is, een saus te maken, die er eigenaardig bij behoort, zie het Hoofdstuk: Sausen.

Mocht er door toeval of door den aard der gekookte spijzen meer water overschieten dan voor den aanmaak van de saus dienen kan, dan beware men dat voor de eene of andere soep; want dat water bevat voedingszouten, die voor bloed-, spier- en beenvorming van het hoogste belang zijn.

Brandt het vuur regelmatig zachtjes voort, dan duurt het wel iets langer, eer de spijzen koken, maar als het deksel goed sluit, dan blijft de damp in den pot, doordringt de spijs en maakt ze in ongeveer denzelfden tijd gaar als op een sterk vuur. *Men dwaalt* als men meent, dat als het water eenmaal kookt, men de temperatuur van het water verhoogen kan door het vuur harder te laten branden. Dat zou alleen kunnen als het deksel luchtdicht kon gesloten worden.

Om aan de derde der gestelde eischen te kunnen voldoen, d. i. om zorg te dragen, dat ons voedsel geen bestanddeelen zal bevatten, die nadeelig op de gezondheid kunnen werken, heeft men op drie dingen te letten. In de eerste plaats wachte men zich waren te koopen, die in bedorven toestand verkeeren, zelfs al is het bederf in zoo'n geringen graad aanwezig, dat neus noch tong zich tegen het gebruik verzet. Alles wat ook in de geringste mate muf, verzuurd, vunzig of beschimmeld is, worde *weggeworpen*.

In de tweede plaats zorge men voor het keukengereedschap, dat met de spijzen in aanraking komt. Indien men zich geen pannen van nikkel of aluminium heeft aangeschaft, bediene men zich het liefst van aarden en van geëmailleerde ijzeren vaten, waarvan email of glazuur geen lood bevat. [15]

Om zich te overtuigen of het glazuur of het email looddeelen bevat, vulle men de pannen met een mengsel van gelijke deelen *azijn* en *water* en een hoeveelheid keukenzout van 10 gram per liter vloeistof. Nadat men dat mengsel een half uur heeft laten koken, neemt men een deel der vloeistof, die men met een gelijk deel zwavelwaterstofwater vermengt. Indien het mengsel zwart wordt, moet men geen spijzen in de pan koken of bewaren. Men make er een gewoonte van om gekookte spijzen nooit den nacht over in pannen van het een of ander metaal te laten staan zelfs niet in geëmailleerd, daar de zuren, die de spijzen bevatten, lichtelijk het metaal aantasten onder daarvoor gunstige omstandigheden, waardoor vergiftige verbindingen zouden kunnen ontstaan.

Zoodra de spijzen uit het vaatwerk zijn, moeten de potten of pannen schoongemaakt worden. Laat de gelegenheid dat niet toe, dan vult men ze met water, dat men er in laat staan, totdat men tijd heeft om ze schoon te maken. Bovendien kookt men om de zes of acht weken alle potten en pannen *behalve die, welke van aluminium zijn gemaakt*, met wat opgeloste potasch of soda uit. Geëmailleerd ijzeren vaatwerk duurt heel lang als men het niet op sterk vuur zet, en er voor zorgt, dat er geen koud water mee in aanraking komt, als het heet is. Splintert het glazuur, dan loopt men de kans, dat er afgestooten deeltjes in de spijzen komen.

Bij het schoonmaken van geëmailleerd vaatwerk en evenzoo van aarden en porseleinen keukengereedschappen gebruike men twee waschvaten of teilen, één gevuld met warm zeep- of sodawater en één met schoon heet water om er de uitgedropen vaten in uit te spoelen. Daarna worden ze afgedroogd. Wordt deze wijze van handelen gevolgd, dan zullen de vaten niet streperig opdrogen; want dat gebeurt alleen als het water of de doek, waarmee men de vaten afdroogt, vuil is. Zijn de pannen van buiten te vuil om ze met zeep- of sodawater schoon te wasschen, dan kan men ze met Brusselsche aarde schuren.

Verzilverde lepels en vorken worden het best met kokend [16]water afgewasschen, vertinde met heet zeepwater; ijzeren worden met asch en heet water opgepoetst.

In de derde plaats vermijde men het gebruik van alle kruiden en andere ingrediënten, die door hun prikkelende eigenschappen of op een andere wijze nadeelig op de gezondheid werken en geen voedende kracht bezitten. Daartoe behooren niet alleen witte, zwarte en cayennepeper, lombok of spaansche peper, gember, mosterd, azijn; maar ook kaneel, notemuskaat, foelie, komijn, kruidnagelen enz.

Een afzonderlijke bespreking verdienen hier keukenzout en azijn, 1e omdat ze zoo algemeen in gebruik zijn en 2e omdat de dwaling heerscht, dat ze noodig en nuttig zijn bij de bereiding der spijzen. Dat zout nadeelig op de maag werkt, blijkt duidelijk, wanneer men een zoutoplossing in de maag brengt van 1 eetlepel op ½ liter water. Dan wordt de maag, zelfs van menschen die aan zoutmisbruik gewend zijn, op hevige wijze aangedaan. Er heeft een groote afscheiding van slijm plaats; is de maag niet al te zeer afgestompt, dan volgt braking en anders wordt toch een groot deel, nadat er in de darmen eveneens een groote slijmafscheiding is verwekt, door stoelgang verwijderd.

Ware het niet, dat men met het zoutgebruik op zeer jeugdigen leeftijd begon, men zou bij het gebruik van gezouten of gepekelde spijzen een gelijksoortige werking van maag en darmen ondervinden.

Het Engelsche geneeskundige blad *The Lancet*, naar aanleiding van Prof. Hutchins behandeling van kanker met Röntgen-stralen, een artikel aan de oorzaken dezer kwaal wijdend, noemt als zoodanig: in de eerste en voornaamste plaats het zout in de voeding, in de tweede plaats een overvloedige vleeschvoeding, in de derde plaats het gebruik van meer voedsel dan tot onderhoud van het lichaam noodig is en eindelijk het binnendringen van microben in het lichaam. "If salt were absent, cancer would be absent" dus "als er geen zout gebruikt werd, zou er geen kanker zijn" is de stelling, waarin de schrijver zijn artikel samenvat. [17]

Maar behalve dat het zoutgebruik oorzaak is van ziekte, leidt het tot afstomping der smaakzenuwen, waardoor den zoutgebruiker alle spijzen flauw voorkomen, als hij er zijn geliefkoosd zout niet in proeft. Aan te raden is het om het zoutgebruik geheel na te laten; maar men doe het langzaam en geleidelijk; vooreerst omdat bij een plotselinge onthouding van den zoutprikkel de slijmafscheiding der maag tijdelijk zou kunnen worden gestaakt en ten tweede omdat licht een tegenzin zou ontstaan in het nieuwe diëet, tengevolge van het gemis van den zoutprikkel op de smaakzenuwen.

De geleidelijke overgang, die bij de verwerping van het keukenzout aan te bevelen is, is onnoodig bij het afschaffen van den azijn. Vooreerst toch maakt men in den regel geen *dagelijksch* gebruik van azijn, en ten tweede zullen zure vruchtensappen als bijv. bessennat maar vooral citroensap met niet minder smaak genoten worden, als ze den nadeeligen azijn vervangen.

Jac. Moleschott, die een matig gebruik van azijn bij vleesch en salade goedkeurde in zijn "leer der voedingsmiddelen voor het volk" omdat azijn "vezelstof" in een geleiachtige massa verandert en daardoor het vleesch "kort" maakt, dat wil zeggen van taai vleesch malsch vleesch maakt, doordat de azijn verwoestend op het bindweefsel werkt en doordat ze zure celstof in suiker kan veranderen, waarschuwt tegen een gelijktijdig gebruik van azijn en peulvruchten, omdat het eiwit van erwten, boonen en linzen in azijn onoplosbaar wordt. Voorts meldt hij als schadelijke eigenschappen van den azijn, dat het bloed er door *verdund* en *verkoeld* wordt, dat bij zoogende vrouwen tengevolge van azijn de hoeveelheid kaasstofblaasjes, waarin de boter is ingesloten, vermindert. *"Wegens deze oplossing der belangrijkste deelen van het bloed, die zich in het bloed door grootere vloeibaarheid openbaart,"* schrijft hij, *"is het onvergeeflijke lichtzinnigheid of beklagenswaardige onwetendheid, wanneer jonge meisjes uit ijdelheid, door azijn een kunstmatige magerheid trachten te verkrijgen. Maar al te dikwijls bereiken* [18]*zij dat doel te gelijk met diepwortelende ziekten, waarin de tijd van den schoonsten maagdelijken bloei te loor gaat."*

Natuurlijk heeft deze noodlottige werking ook plaats bij matig gebruik; alleen zijn de gevolgen niet zoo merkbaar, omdat dan onder gunstige omstandigheden de verwoesting weer hersteld wordt, voordat ze zich naar buiten openbaart; maar dat herstel veroorzaakt dan toch minst genomen verspilling van kracht.

Hieruit volgt, dat het gebruik van azijn geheel dient te worden nagelaten: plantaardige zuren, die geen nadeelige werking op het gestel oefenen, kunnen er voor in de plaats treden, b.v. citroen- of lemoensap, door persing verkregen, maar geen kunstmatig citroen- of lemoensap, dat door *chemische* bewerking is voortgebracht.

Alle mineralen, die geen deel uitmaken van de organische stof, kunnen als gif voor het menschelijk lichaam worden beschouwd, waarom o.a. ook de zoogenaamde *bakpoeders* te verwerpen zijn.

Verder dient hier nog gewezen op het gebruik van *bittere* amandelen, die een stof bevatten (amygdaline geheeten) die niet voorkomt in zoete amandelen, wel daarentegen in de pitten van perziken, abrikozen en pruimen, in alle deelen van den laurierkers en in de lijsterbes. Deze amygdaline kan oorzaak worden van vergiftiging.

Wordt tegen vergiftiging gewaarschuwd bij het bereiden der spijzen, omdat gif, ook al is het in kleine giften, altijd nadeelig werkt, dan vloeit daaruit van zelf voort, dat wie werkelijk vegetarisch leven wil, ook die dranken moet vermijden, die als wijn, bier en gedistilleerd, als koffie en thee wel gif bevatten maar geen voedsel en daardoor op onze zenuwen een werking hebben, die vergeleken kan worden met den prikkel van de zweep op het paard. Die dranken wekken zoogenaamd op, d. w. z. ze verdooven het gevoel van vermoeidheid, maar zij nemen de vermoeidheid niet weg en bovendien zij voeden niet. Men past daarbij verkeerdelijk deze redeneering toe: "Ik ondervind er geen nadeel van, dus waarom zou ik het laten?" terwijl [19]men zou moeten redeneeren: "Ik heb er geen voordeel van, dus waarom zou ik het doen?" Moeten wij bij eenig nadenken niet tot het inzicht komen, dat alle dranken, die een opwekkende eigenschap bezitten, zoogenaamd den geest versterken, zonder te voeden, nadeelig moeten zijn, voor ons gestel?

Dit toch is slechts redelijk, dat wij den mond alleen dat bieden, wat werkelijk voedt. En daarvan levert de natuur ons volop.

Laten wij ook daarom er bij voorkeur naar streven die spijzen op tafel te hebben, die van zich zelf een aangenamen, tot eetlust opwekkenden smaak hebben, dan kan men ook het gebruik van niet voedende maar alleen het gehemelte streelende ingrediënten als vanille, laurierkers enz. best missen.

Als ik thans een woord wijd aan het vetten en zoeten der spijzen, dan is het niet omdat boter, olie en suiker giftige stoffen bevatten, maar omdat ze op den duur te veel van onze verteringsorganen vorderen.

Boter, olie en suiker zijn meer kunst- dan natuurproducten. De vette en vluchtige oliën komen evenals de suiker wel voor in vele deelen van planten, maar uiterst fijn verdeeld en innig met andere stoffen verbonden.

Theoretisch is het vetten van spijzen af te raden, maar bij den overgang tot een mager diëet ga men met de noodige voorzichtigheid te werk, rekening houdende met de eischen der gezondheid en met den smaak; want een tong, die aan het gebruik van vet gewend is, wordt niet licht tevreden gesteld met een schotel, waarin geen spoor van vet te vinden is. Zoodra men echter merkt, dat het vetgebruik in dezen of genen vorm last aan de maag bezorgt, bijv. door zure oprispingen en dergelijke dan late men het vetgebruik in dien vorm na en streve er naar, het gebruik van alle vetten of oliën zich te ontzeggen in den vorm, waarin wel de *kunst*, maar niet de *natuur* ze ons aanbiedt.

Hoofdstuk V bevat een aantal sausen, die wel geschikt zijn om den smaak te bevredigen van hen, die het vet nog niet kunnen missen en die hen, die zich aan een mager diëet willen [20]wennen, het middel aan de hand geven, langzamerhand daartoe te geraken.

Het zoeten der spijzen geschiedt tegenwoordig schier algemeen met suiker. Maar men make er slechts een matig gebruik van, omdat suiker evenals gedroogde vruchten, voornamelijk rozijnen, dadels en vijgen door hun hoog suikergehalte te veel vergen van onze spijsverteringsorganen. Daarom verdient het aanbeveling die vruchten vóór het gebruik—na ze zeer goed te hebben gewasschen—in zuiver water te weeken te zetten. Dadels en sommige soorten van rozijnen behoeven daartoe niet minder dan *vier en twintig* uren. Bij het weeken van die vruchten dringt het water naar binnen, doet de vruchten zwellen en lost de suiker op, die gedeeltelijk naar buiten treedt en het water zoet maakt, waarin de vruchten liggen, waarom dan ook het water met de vruchten genoten wordt.

In dezen vorm leent zich het water met de vruchten ook uitstekend om verschillende spijzen te verzoeten, wat bij de prijzen van dadels en rozijnen geen geldelijk bezwaar oplevert.

Maar niet alleen dienen zij gewaarschuwd, wier hart nog voor een groot deel aan de bereidingswijzen van de overgeleverde kookkunst hangt, dat zij niet te veel arbeid mogen eischen van onze verteringsorganen, ook zij, die een voorliefde hebben voor iets nieuws en daardoor de kans loopen dat zij tot een verandering besluiten, die geen verbetering is. Dat gevaar loopen zij die de leuze aanheffen: "Voor vegetariërs alleen rauwe kost."

Zeker, er ligt waarheid in die leuze, maar men zij voorzichtig in de toepassing. Wie op het voetspoor van het "Rezeptbuch für Rohkost" van Helene Volchert, boonen, erwten, grutten, rijst en allerlei meelsoorten ongekookt nuttigt, is m. i. verder van de wijs dan die door bakken, koken of stoven de houtachtige omhulsels der cellen doet springen en het smakelooze zetmeel in voedzame suiker omzet voordat het genuttigd wordt. Gedroogde graan- en peulvruchten, hoe geschikt ook als voedsel voor hoenders en duiven zijn zonder behulp van het vuur ongeschikt en onsmakelijk voor ons, die den krop ontberen, in [21]welker bezit zich papegaaien en hoenderachtige vogels mogen verheugen. Wie dus tot rauwen kost wil overgaan, hij kieze zijn gerechten uit noten en amandelen, uit peren, appelen, bessen en verdere vruchten, uit jonge groenten en uit sappige wortelen, dan zal hij geen gevaar loopen te veel te eischen van zijn verteringsorganen, als hij tenminste daarbij nog in acht neemt, dat wat hij eet ook goed gekauwd moet worden. Dat geldt natuurlijk niet alleen voor hem, maar voor ieder, die het tijdperk van zuigeling achter zich heeft.

Kauwen, *goed kauwen* is een zaak van gewicht; want de spijsvertering *begint* in den mond. Dat is niet algemeen bekend en die het weten, denken er niet altijd aan. Dat is jammer; want juist met den mond zijn we in staat op onmiddellijke wijze invloed op de vertering uit te oefenen, wat niet het geval is met de maag en de darmen.

Met de tanden malen wij het voedsel fijn, de celwanden worden verbroken en het onoplosbaar zetmeel wordt door de werking van *ptyalin* in ons speeksel omgezet in dextrine en druivensuiker.

Kauwen wij dus het eten niet fijn, dan worden de celwanden niet verscheurd en krijgt de maag of de andere ingewanden tot taak die wanden op te lossen. Kunnen de ingewanden de hun opgelegde taak niet of slechts ten deele vervullen, dan blijft een deel van het voedsel onverteerd. Die onverteerde stoffen zijn dan nuttelooze ballast, maar dikwijls zijn ze erger dan dat en worden ze een bron van kwalen en ongesteldheden.

Drinken we onder ons eten, dan maken we van de spijs wel een soort van brij; maar het speeksel wordt verdund en ook de tanden komen niet genoeg in aanraking met de afzonderlijke deelen van de bete, die we met de koude of warme dranken te spoedig tot een brij vervormd hebben. Is het drinken onder het eten af te keuren, ook bij gebruik van voedende dranken als melk en chocolade, van sausen, soepen enz. ga men met overleg te werk. Gebruikt men melk of chocolade bij het ontbijt bijv., dan neme men beurtelings een beet brood en een dronk; [22]maar men neme geen slok van de melk of chocolade voordat men zijn hapje brood behoorlijk heeft gekauwd en ingeslikt. Eet men soep of eenige andere vloeibare spijs dan eet men er eenige vaste spijs tusschen door, bijv. bruin- of Grahambrood; maar de vaste en vloeibare spijs mogen zich niet te gelijk in den mond bevinden. Heeft men een hapje van de vaste spijs goed gekauwd, zoodat die in opgelosten staat door den slokdarm is gegaan, dan kunnen een paar lepels van de vloeibare spijs volgen.

Veelal zijn de gekookte spijzen te week om goed genoeg gekauwd te worden; daarom is het goed bij het middagmaal brood te gebruiken, dat evenwel niet versch mag wezen, als het van nut zal zijn bij het kauwen. Wittebrood ete men *nooit* versch, omdat het niet goed kauwbaar is en een klomp deeg vormt in de maag, waar het maagsap de afzonderlijke deeltjes al evenmin bereiken kan als dat het geval was in den mond met het speeksel.

Hoe steviger de spijs is, hoe krachtiger hij gekauwd en met de mondsappen kan doordrongen worden. Zoolang er nog kruimelige deelen in den mond zijn, mag de spijs niet worden ingeslikt, maar moet de tong die heen en weer schuiven en van het achterste naar het voorste gedeelte van den mond brengen, totdat alles behoorlijk is opgelost. De pogingen om langzaam te leeren kauwen worden aanmerkelijk verlicht als men de bewegingen der onderkaak op elkander laat volgen met de regelmatigheid van den slinger eener klok. Houdt men dat een tijd lang vol, dan kan men spoedig de herinneringen missen, die men in het begin noodig had.

Zijn de spijzen te warm, dan kan men ze zooals van zelf spreekt, ook niet goed kauwen; maar ook om andere redenen kan er tegen het gebruik van te warme en te koude spijzen niet dringend genoeg gewaarschuwd worden.

Vooreerst wordt het email der tanden aangetast door te heete en te koude spijzen of dranken, wat den grond legt voor een spoedig bederf van tanden en kiezen. Ten tweede is wel de [23]opperhuid berekend voor een zekere afwisseling van warmtegraad, maar niet de slijmhuid van den mond, noch die van de maag; en al moge de maag niet zoo gevoelig zijn, omdat haar slijmhuid niet zoo veel gevoelszenuwen als de opperhuid van ons lichaam heeft, de werking van het slijmvlies wordt er niet minder om gestoord.

Naast de in achtneming van deze algemeene regelen voor vetten en zoeten der spijzen en voor het kauwen dient nog voor elk gestel afzonderlijk te worden nagegaan, hoe *deze* of *die* spijze en hoe elke spijze volgens *deze* en volgens *gene* bereidingswijze den gebruiker bekomt; want verzwakte of verminkte organen zijn tijdelijk of voorgoed buiten staat hun werk naar behooren te verrichten. Daarom dienen die organen zooveel mogelijk gespaard, om ze door rust kans te geven op herstel en midderwijl het lichaam te verschaffen, wat het noodig heeft.

Wie bij zich zelf of bij hen, die aan zijn of haar zorgen zijn toevertrouwd, verschijnselen waarneemt, die hij zich niet verklaren kan, beproeve raad en voorlichting bij geestverwanten te zoeken, liefst bij dezulken, die hem of haar van nabij kunnen gadeslaan. Ook het orgaan van den Bond "De Vegetarische Bode" neemt gaarne vragen op van hen, die omtrent bijzonderheden van de vegetarische leefwijze of wat daarmede samenhangt inlichtingen verlangen. [24]

Hoofdstuk II.

Soepen.

Het gebruik van soep is niet streng vegetarisch. Immers het hoofdvereischte voor een goede spijsvertering is, dat het voedsel gekauwd wordt, wat veel beter gaat met de sappigste vruchten dan met soep. Bovendien leidt een diëet dat te veel vocht in het spijskanaal brengt tot verminderende werkzaamheid der darmen.

Toch zal in den regel voor hen, die tot het vegetarisme overgaan, soep nog een geruimen tijd aantrekkelijkheid behouden.

En zij die nog te worstelen hebben, dat er te veel nat op de groenten komt, vinden bij de bereiding van soep een doeltreffend middel om het nat, dat in ruime mate voedingszouten bevat, nuttig aan te wenden.

A. Botersoepen.

R. 1. **Aardappelsoep I**. Overgebleven of opzettelijk gekookte aardappelen maakt men fijn, en wrijft ze met heet water door de zeef; men hakt eenige uien en wat peterselie fijn, voegt er ook een paar wortels, aan reepjes bij. Men kookt alles te zamen op een zacht vuur en mengt er het overgebleven nat van groenten bij. Men rekent 1 Liter vocht op 4 à 5 aardappels van middelmatige grootte. Heeft alles goed doorgekookt, dan mengt men er gewelde boter door of boter en bloem lichtbruin [25]gefruit. Om den smaak te verhoogen kan men er eenige champignons aan toevoegen. Daarna nog ruim een half uur koken.

R. 2. **Aardappelsoep II**. Men handelt als bij R. 1 maar vervangt de peterselie door kervel met een weinig dragon, die fijngehakt in de soep wordt gedaan, een oogenblik, voordat ze wordt opgedragen. Men dient ze op met in boter gefruite dobbelsteentjes wittebrood.

R. 3. **Andijviesoep**. Andijvie snijdt men fijn, wascht ze totdat er geen zand meer in voorkomt en laat ze in ruim water gaar koken. Dan voegt men er wat soja en zout en een kluit boter bij en bindt de soep met boter en bloem, die men eerst licht gefruit heeft, totdat de soep de gewenschte dikte heeft. Men kan de soep kruiden met wat kervel of peterselie.

R. 4. **Aspergesoep**. Men kookt stoofasperges volgens R. 190, maar zet de in stukken gebroken asperges in ruim water op. Vervolgens fruit men bloem in boter lichtgeel, voegt daarbij eerst wat aspergenat, vervolgens weer wat, totdat het de gewenschte dikte heeft bekomen. Dan voegt men de asperges er bij met boter naar smaak en laat de soep nog een minuut of tien doorkoken.

R. 5. **Bietensoep (Krotensoep)**. Men kookt volgens R. 198 bieten, maar thans in ruim water. Men fruit bloem in boter lichtbruin, evenzoo een uitje en voegt er wat bietennat bij, vervolgens weer wat, dat herhalend tot de soep de gewenschte dikte heeft bekomen. Dan voegt men de bieten er bij, die men eerst aan kleine stukjes heeft gesneden, ook soja en zout naar smaak. Als de soep nog eenige minuten heeft doorgekookt, kan men ze [26]opdienen met geroosterde dobbelsteentjes van oudbakken wittebrood.

R. 6. **Boonensoep**. Nadat de boonen (bruine, witte of welke andere soort) gekookt zijn (½ L. boonen op 2½ L. water) wrijft men ze door een zeef. Men fruit fijn gesneden uien in boter lichtbruin, doet deze er bij, laat alles doorkoken, vet dan de soep naar keuze met natuurboter of plantenvet, zout de soep naar smaak en laat ze dan nog ongeveer een kwartier op een zacht vuur doorkoken. Men kan er ook een weinig soja aan toevoegen.

R. 7. **Brandnetelsoep**. De toppen van brandnetels worden gehakt en een kwartier lang met boter gestoofd; vervolgens doet men er kokend water bij. Als de soep weer kookt doet men er aangemengde bloem bij met soja en zout naar smaak.

R. 8. **Bloemkoolsoep**. Men kookt volgens R. 236 bloemkool, maar zet ze thans in ruim water op. Men fruit bloem in boter lichtgeel en voegt er wat nat van bloemkool bij, vervolgens weer wat, dat herhalend, totdat de soep de gewenschte dikte heeft gekregen. Dan voegt men er de bloemkool bij, die men in kleine stukjes heeft gesneden. Men doet er boter, wat soja en zout naar smaak bij en wat gehakte peterselie. Als alles nog enkele minuten heeft doorgekookt, dient men de soep op met geroosterde dobbelsteentjes van oudbakken wittebrood.

R. 9. **Boschbessensoep**. Na boschbessen goed gereinigd en gewasschen te hebben, doet men ze in kokend water en laat ze even doorkoken, wrijft ze daarna door een zeef, doet er het noodige water bij, bindt het verdunde sap met maizena en zoet het met donkerbruine suiker. [27]Men dient de soep op koud of warm naar verkiezing met een groote beschuit.

R. 10. **Broodsoep**. Als men van oudbakken brood de bruine korsten heeft afgesneden, laat men het met water fijnkoken, wrijft het door een zeef en voegt er wat prei, selderij, peterselie, een weinig kervel en wat fijngehakte uien bij, nadat alles zorgvuldig is schoongemaakt gewasschen en fijngesneden. Men laat alles te zamen gaar koken onder toevoeging van wat zout en wat soja. Mocht de soep wat te dun zijn, dan bindt men ze met wat lichtbruin gefruite bloem en boter. Als de soep de vereischte dikte heeft, roert men er wat boter door.

R. 11. **Bruine-boonensoep**. De bereiding van bruine-boonensoep geschiedt volgens R. 6.

R. 12. **Capucijnersoep**. Men bereidt capucijnersoep als boonensoep. Zie R. 6.

R. 13. **Champignonsoep**. Men neemt gave champignons, wascht ze goed in ruim water, snijdt ze in stukken en wascht ze op nieuw, totdat alle zand verwijderd is. Men hakt ze vervolgens aan stukjes en zet ze met ruim water op, laat ze ongeveer een uur koken, voegt er wat gefruite uitjes en wat peterselie aan toe en bindt ze met boter en licht gefruite bloem. Na er nog soja en zout naar smaak aan toegevoegd te hebben, laat men alles tezamen nog 10 minuten doorkoken.

R. 14. **Ei-, Kievits-, Piethein- of Spikkelboonensoep**. Zie R. 6.

R. 15. **Erwtensoep**. Groene erwten, desverkiezende spliterwten, kookt men volgens R. 320, maar thans ½ L. erwten en 2½ à 3 L. water, waarin men bovendien 4 à 5 aardappels [28]laat meekoken. Zijn de erwten goed gaar, dan worden ze door een zeef gewreven, en na er prei, selderij en zout naar smaak aan te hebben toegevoegd, weer op een zacht vuur gezet, vervolgens laat men de soep nog een paar uur doorkoken, na ze te hebben gevet naar keuze met natuurboter of plantenvet.

R. 16. **Flageoletboonensoep**. Zie R. 6.

R. 17. **Gele-erwtensoep**. Men neemt gele erwten en handelt verder als in R. 15 is voorgeschreven.

R. 18. **Grauwe-erwtensoep**. Men bereidt grauwe-erwtensoep als boonensoep. Zie R. 6.

R. 19. **Groentesoep I**. Rijst wordt na zeer goed gewasschen te zijn (zie R. 330) in heet water gekookt, thans 1½ L. water op 50 of 60 gram rijst. Selderij, kervel, peterselie, worteltjes, bloemkool, spinazie, doperwten, schorseneren, of wat de tijd van het jaar oplevert, wordt schoongemaakt en gewasschen, daarna fijngehakt. Als de rijst half gaar is, worden de fijngehakte groenten er aan toegevoegd. Zijn de groenten gaar, dan wordt de soep naar keuze gevet met natuurboter of met plantenvet en wordt er zout en soja naar smaak alsmede een paar gefruite uitjes aan toegevoegd. Daarna laat men de soep nog enkele minuten op een zacht vuur doorkoken, tot ze recht smedig is.

R. 20. **Groentesoep II**. Verschillende soorten groenten worden fijn gesnipperd, gewasschen en met een kluitje boter op een zacht vuur gezet, waarop ze ongeveer een uur of drie moet staan.

Tegelijk met de groenten wordt een groote pan met water op het vuur gezet, waarin een handvol linzen zijn [29]gedaan. Een uur vóór de opdiening zet men een stuk boter op het vuur, waarin men een paar fijngeraspte sjalotten en een theelepeltje meel roert en daarna nog even laat doorkoken. Daarna doet men de boter in de groote pan, waarin vooraf ook de groenten met een half kopje rijst zijn bijgevoegd.

Alles te zamen moet dan nog circa een uur doorkoken op een zacht vuur. Mocht de soep niet dik genoeg zijn dan kan men 1 à 2 lepels bloem er bijvoegen en ze nog enkele minuten laten doorkoken.

R. 21. **Groentesoep III**. Prei, selderij, peterseliewortel, een weinig dragon, een weinig boonenkruid, jonge peentjes (worteltjes) worden schoongemaakt, gesneden en met water opgezet; men doet er een stuk of wat dun geschilde rauwe aardappelen in en voegt er later rijst of gries of macaroni of vermicelli bij om de soep te binden.

Anderhalf uur zachtjes koken. Zout en boter naar smaak. Opdienen met geroosterde dobbelsteentjes van oudbakken wittebrood.

R. 22. **Groentesoep IV**. Neem kervel peterselie, zuring, postelein, prei, gedopte erwtjes; hak de kervel, peterselie en prei heel fijn, de zuring en postelein aan kleine stukken, en zet alles op een zacht vuur en voeg er later rijst, griesmeel, macaroni of vermicelli bij om de soep te binden (anderhalf uur zachtjes koken). Boter en zout naar smaak.

R. 23. **Groentesoep V**. Neem peen, knolrapen, uien en aardappelen, van elk 25 gram, parelgerst 40 gram. De fijngesneden groenten met de parelgerst, die den nacht in de week gestaan heeft, met 1 L. water opzetten en 2 uur zachtjes laten koken. Men kan er andere groenten bijvoegen, bijv. selderij. Verkiest men een pikanten [30]smaak er aan te geven, dan kan men de groenten eerst in een weinig boter fruiten. Door toevoeging van een theekop Egyptische linzen verkrijgt de soep een krachtiger smaak.

R. 24. **Groentesoep VI**. Men zet een redelijke portie groene erwten in een pot te koken, daarbij voegende een prei, een halve knolselderij en een wortel. Verder snijdt men, aan gelijke langwerpige reepjes, eenige bladen savoyekool en wortels, het groen van een selderij, een prei en wat kleine stukjes bloemkool en jonge erwtjes. Dit doet men in een pan, met een groot stuk boter en heel weinig water, en laat dit heel zachtjes koken; verder giet men dit alles, een uur vóór het eten, in het nat van de erwten, dat behoorlijk door een zeef gegoten moet zijn, opdat het er helder uitziet; men laat alles te zamen een uur koken, en dient het op met kleine dobbelsteentjes van eieren, (gekookt "au bain Marie"), die men in de terrine tegelijk met de soep opdient.

R. 25. **Kastanjesoep**. Men kookt kastanjes volgens R. 302 of 303. Zijn ze gaar, dan worden ze fijngemaakt en door een zeef gewreven. Daarna wordt de kastanjebrij met zooveel heet water aangemengd, dat ze op de gewenschte dikte komt. De soep wordt gebonden met bloem in boter lichtbruin gefruit. Zout naar smaak. Men dient de soep op met dobbelsteentjes geroosterd oudbakken wittebrood.

R. 26. **Koolsoep I**. Rauwe kool wordt fijn gesneden, daarna met boter gefruit. De gefruite kool zet men ruim met heet water op. Is de kool gaar, dan wordt de soep gebonden met bloem, licht gefruit in boter. Zout naar smaak en desverkiezende een paar licht gefruite uitjes. Als de soep daarna nog enkele minuten op een zacht [31]vuur heeft doorgekookt, dient men ze op met geroosterde dobbelsteentjes van oudbakken wittebrood.

R. 27. **Koolsoep II**. Men kookt een kool en eenige aardappelen te samen gaar, dan giet men alles op een vergiet en fruit een gedeelte van de kool en aardappelen in wat boter. Daarna doet men alles weer bij elkaar en bindt de soep met gefruit meel en de noodige uien. Zout en soja naar smaak.

R. 28. **Linzensoep I**. Men fruit een paar fijngesneden uien lichtgeel. Men doet er de vooraf in zacht water geweekte linzen bij met eenige fijngekookte aardappelen, wat selderij, eenige fijngesneden worteltjes en wat koud water. Als alles te zamen kookt, doet men er van tijd tot tijd wat koud water bij, totdat de soep de vereischte dikte heeft. Men vet de soep naar keuze met boter of plantenvet en voegt er zout bij naar smaak. (Zie N.B. bij R. 322).

R. 29. **Linzensoep II**. Gekookte linzen worden met toevoeging van heet water door een zeef gewreven, men laat ze daarna op een zacht vuurtje staan, tot het nat lijmig is. Men roert er een of twee in boter gefruite uitjes door en zout de soep naar smaak.

Bij het aanrechten voegt men er in boter gefruite dobbelsteentjes van oudbakken wittebrood aan toe. (Zie N.B. bij R. 322).

R. 30. **Linzensoep III**. Handel als in R. 20 wordt voorgeschreven en meng er wat uien, prei enz. door. (Zie N.B. bij R. 322).

R. 31. **Macaronisoep**. Men neemt 50 à 60 gram macaroni op 1 liter water. De macaroni breekt men in stukken en doet ze in kokend water met wat zout. Men roert van tijd tot tijd, tot de macaroni gaar is, om het aanbranden [32]te voorkomen. Vervolgens doet men er een paar gesnipperde worteltjes door en bindt de soep met in boter licht geel gefruite bloem. Men voegt er soja aan toe naar smaak. Voor het opdoen, roert men er wat fijngehakte peterselie door.

R. 32. **Peterseliesoep**. Peterseliewortel, in stukjes gesneden, en de blaadjes der peterselie, fijngehakt, worden ruim gekookt. De soep wordt gebonden met rijst als in Groentesoep I (R. 19) of met bloem, in boter (desverkiezend in plantenvet) licht gefruit. Zout naar smaak. De soep wordt opgediend met geroosterde dobbelsteentjes brood.

R. 33. **Preisoep**. De preien worden fijngesneden en vervolgens handelt men als bij de peterseliesoep is voorgeschreven (R. 32).

R. 34. **Schorsenerensoep I**. Men kookt schorseneren zooals in R. 205 of 206 is voorgeschreven, maar zet de in stukken gebroken schorseneren in ruim water op. Verder handele men als bij de aspergesoep. (Zie R. 4).

R. 35. **Schorsenerensoep II**. Na de schorseneren goed te hebben geschraapt (zie R. 205) en in kleine stukjes te hebben gesneden, kookt men ze in ruim water gaar, doet er wat melk bij, bindt ze met boter en bloem, voegt er zout naar smaak bij en laat ze daarna nog ongeveer tien minuten koken.

R. 36. **Selderijsoep**. Neem knolselderij en selderijlof en handel vervolgens als bij de peterseliesoep is voorgeschreven (R. 32).

R. 37. **Tomatensoep I**. Men laat een kilo tomaten gaarkoken, giet er het water van af en laat in dat water vijf groote [33]aardappelen, drie groote wortels en wat selderij gaarkoken. Men snijdt drie uitjes, fruit ze in wat boter, wrijft de tomaten door een zeef en laat alles nog eens te zamen goed doorkoken en voegt er wat maizena of in boter gefruite bloem bij om te binden. Zout naar smaak.

R. 38. **Tomatensoep II**. Men breekt wat macaroni in kleine stukjes, laat ze in kokend water gaar worden, voegt er schijfjes of partjes tomaten aan toe, bindt de soep met boter en bloem, doet er dan wat gefruite uien, peterselie, zout en soja naar smaak bij en laat alles te zamen nog enkele minuten doorkoken.

R. 39. **Uiensoep I**. Ter bereiding van uiensoep snijdt men uien in dunne schrijven, fruit die met wat tarwemeel in boter of olie, giet er kokend water op en laat het een half uur lang koken. Men kan er wat citroensap bij doen. Mocht de soep niet genoeg gebonden zijn, dan roert men er wat geraspt brood of beschuitkrummels door. Zout naar smaak.

R. 40. **Uiensoep II**. Men snijdt uien aan stukken, zet ze met wat water en met wat boter op. Zijn de uien gaar, dan giet men er kokend water bij, vervolgens brokkelt men geel geroosterd brood in de soep en laat het te zamen koken, tot de soep goed gebonden is. Zout naar smaak.

R. 41. **Vermicellisoep**. Men neemt 50 à 60 gram vermicelli op 1 liter water en handelt verder als bij macaronisoep is voorgeschreven. (R. 31).

R. 42. **Witte boonensoep**. Men volgt R. 6, maar voegt er behalve gefruite uien ook fijn gesneden prei en gehakte peterselie, kervel en selderij bij. Heeft de soep nog niet [34]de gewenschte dikte, dan bindt men ze met boter en bloem. Men laat ze een half uur doorkoken en roert er vóór het opdienen nog een goed kluitje boter door.

R. 43. **Wortelsoep I**. Men kookt acht groote aardappelen fijn en eveneens twaalf wortelen; de laatste wrijft men door een zeef en laat ze dan met de fijngekookte aardappelen nog eens doorkoken, na er een paar in boter gefruite uitjes te hebben bij gedaan. Zout naar smaak. Desgewenscht kan men er nog wat boter doorroeren.

R. 44. **Wortelsoep II**. Men snijdt worteltjes fijn, kookt ze in ruim water gaar, voegt er zout en soja naar smaak aan toe met wat fijngehakte peterselie, bindt ze met boter en gefruite bloem en laat ze nog tien minuten doorkoken. Men dient ze op met geroosterde dobbelsteentjes van oudbakken wittebrood.

R. 45. **Zuringsoep**. Men neemt ter bereiding van zuringsoep een kleine hoeveelheid zuring en een gelijke hoeveelheid van verschillende soepgroenten, bijv. kervel, boonenkruid, kropsla, prei, peterselie enz., hakt ze fijn en zet ze met wat boter op. Na eenige minuten doet men er kokend water op en roert er wat boter en bloem door. Als de soep gaar is, zet men ze af. Even voor het opdoen, als de soep genoeg is afgekoeld, klopt men een paar eieren, roert daar wat boter door, verder onder aanhoudend roeren eenige lepels soep, totdat men merkt, dat de geklopte eieren dun genoeg zijn om door de soep geroerd te worden. Zout naar smaak.

B. Zoete soepen.

R. 46. **Aalbessensoep I**. Men zet koud water op met een aantal versche frambozen of met wat frambozensiroop. Men bindt het nat als het kookt met maizena en als het [35]goed doorkookt, voegt men er de aalbessen bij, na deze eerst goed te hebben gewasschen, gerist en door de zeef te hebben gedrukt. Suiker naar smaak. Men dient ze op, hetzij warm of koud, met een keukenbeschuit.

R. 47. **Aalbessensoep II**. Men kookt parelgort zeer ruim. Als ze 2 à 2½ uur gekookt heeft, voegt men er wat versche frambozen of wat frambozensiroop bij. Daarna doet men het sap van de goed gewasschen en door de zeef gedrukte aalbessen er bij, voegt er suiker aan toe naar smaak. Men kan ze warm of koud opdienen.

R. 48. **Aardbeiensoep I**. Men zet koud water op met wat versche frambozen of met wat frambozensiroop. Als het nat kookt, bindt men het met maizenameel. Daarna doet men er voorzichtig de aardbeien bij, na ze goed te hebben nagezien, gewasschen en van de steeltjes te hebben ontdaan. Suiker naar smaak. Men dient ze warm of koud op.

R. 49. **Aardbeiensoep II**. Men kookt parelgort zeer ruim, gedurende 2 à 2½ uur en voegt er dan wat versche frambozen of frambozensiroop aan toe. Is ze weer een poosje aan de kook, dan voegt men er voorzichtig de aardbeien bij, die men vooraf goed heeft nagezien, gewasschen en van de steeltjes ontdaan. Suiker naar smaak. Daarna nog enkele minuten doorkoken. Men dient ze warm of koud op.

R. 50. **Abrikozensoep I**. Men kookt parelgort zeer ruim gedurende 2 à 2½ uur, voegt er dan de goed gewasschen versche abrikozen aan toe. Suiker naar smaak. Na ze een kwartier op een zacht vuur te hebben laten koken, kan men ze opdienen. Ook kan ze koud worden opgediend. [36]

R. 51. **Abrikozensoep II**. Men kookt parelgort zeer ruim gedurende een paar uur, voegt er dan goed gewasschen gedroogde abrikozen bij (75 gram op 1 liter water). Suiker naar smaak. Vervolgens laat men de soep nog twee uur op een zacht vuur koken of, liever nog, zet men de soep in een goed verhitten oven. Koud of warm op te dienen.

R. 52. **Appelsoep**. Men kookt moesappelen volgens R. 272 of 273, maar zet ze ruimer op. Als de appelen door de zeef zijn gewreven, lengt men ze aan met heet water, tot de gewenschte dikte. Men voegt er suiker en wat citroensap naar smaak aan toe. Men kan ze koud of warm opdienen.

R. 53. **Chocoladesoep**. Op een liter melk neemt men een lepel chocolade en vier lepels suiker. Men roert de chocolade en suiker met een weinig water of koude melk aan en roert ze door de kokende melk, voegt er een weinig geraspte citroenschil door, desverkiezende ook wat vanille en bindt ze met een weinig maizena. Men dient ze koud of warm op met een keukenbeschuit.

R. 54. **Citroensoep**. Parelgort, ruim opgezet, laat men gedurende 2 à 2½ uur koken, voegt er het sap van eenige citroenen aan toe, zoodat de soep een aangenamen smaak krijgt. Voor de kleur raspt men citroenen voorzichtig af zoo dat het wit niet wordt geraakt en evenzoo een paar sina's appels. Als men het geraspte geel der schillen door de soep heeft geroerd, laat men ze nog enkele minuten op een zacht vuur staan. Suiker naar smaak. Men kan ze koud of warm opdienen.

R. 55. **Frambozensoep I**. Men zet koud water op met sap van versche aardbeien. Als het nat kookt bindt men het met [37]maizena. Frambozen, die men van te voren goed heeft gewasschen en nagezien met het oog op de wormpjes, die er vaak in worden gevonden, doe men er voorzichtig bij, zoodat ze heel blijven. Men voegt er suiker naar smaak aan toe. Koud of warm op te dienen.

R. 56. **Frambozensoep II**. Men zet parelgort zeer ruim op en kookt ze 2 of 2½ uur, voegt er dan het sap van wat versche aardbeien aan toe. Is de gort weer aan de kook, dan voegt men er voorzichtig de frambozen bij, die men te voren goed heeft gewasschen en onderzocht, of er geen bij waren met wormpjes. Suiker naar smaak. Men kan ze koud of warm opdienen.

R. 57. **Kersensoep**. Men wascht de kersen goed, ontdoet ze van de steeltjes, zet koud water op met bruine suiker en wat frambozensiroop. Als het vocht kookt, doet men de kersen er bij, laat ze even doorkoken en bindt het nat met maizena.

R. 58. **Kervelsoep (Zoete)**. Op één liter karnemelk neemt men 50 gram sultana-rozijnen en 50 gram krenten, laat het te zamen koken, voegt er fijngehakte kervel bij en suiker naar smaak. Om de soep te binden, gebruikt men havermout of aangemaakte bloem. Indien men parelgort als bindmiddel wenscht, dan moet de parelgort met de melk gekookt worden. Men voegt er dan de kervel bij, als de parelgort gaar is. Men dient de soep koud of warm op.

R. 59. **Kruisbessensoep**. Nadat de kruisbessen van den bloesem zijn ontdaan en goed gewasschen zijn, worden ze met koud water opgezet. Als de kruisbessen goed gaar zijn, worden ze door de zeef gewreven en met heet water [38]aangemengd totdat de soep de vereischte dikte heeft. Daarna klutst men een ei in de soepterrine, neemt telkens wat van de afgekoelde soep, roert het door het geklutste ei, zorg dragende steeds in één richting te roeren. Men gaat zoo voort totdat al de soep in de terrine is overgegaan. Men zoet de soep naar smaak.

R. 60. **Melksoep met kokosnoot**. Men raspt of maalt kokosnoot zooals in R. 509 wordt beschreven. Terwijl brengt men melk aan de kook, die men met Javaansche suiker of arènsuiker naar smaak zoet. Men bindt de melk met maizena, neemt ze dan van het vuur en roert er de geraspte of gemalen kokosnoot door met nat, dat van de kokosnoot afkomstig is, zorgdragende dat de soep niet te dun wordt.

R. 61. **Perensoep**. De peren worden dun geschild, in vierdeparten gesneden, daarna gewasschen en met koud water opgezet. De peren moeten lang koken, totdat ze een mooie roode kleur hebben. Men voegt er wat bessennat aan toe en suiker naar smaak. Het nat wordt met maizena gebonden.

R. 62. **Perzikensoep**. Men ontdoet de perziken voorzichtig van de schil, halveert ze en verwijdert de kernen. Men zet ze vervolgens op in kokend water. Als ze koken, voegt men er wat frambozensiroop bij en suiker naar smaak. Het nat wordt gebonden met maizena.

R. 63. **Pruimensoep I**. Versche pruimen worden gewasschen, van de schil ontdaan en ontkernd. Men zet ze met kokend water op. Als ze koken, doet men er wat frambozensiroop bij en suiker naar smaak en bindt het nat met maizena. [39]

R. 64. **Pruimensoep II**. Men kookt parelgort zeer ruim, gedurende een uur, voegt er dan goed gewasschen gedroogde pruimen bij (350 gram op 1 liter water) en zet de soep nog een paar uren in een goed verhitten oven.

R. 65. **Rhabarbersoep**. Men kookt parelgort zeer ruim, gedurende 2½ uur, doet er dan de gewasschen en in kleine stukjes gesneden rhabarberstelen bij, die men dan met een citroenschilletje nog ½ uur laat doorkoken. Men zoet de soep naar smaak.

R. 66. **Rozijnensoep**. Parelgort zet men in ruim water op. Als ze een paar uur gekookt heeft, doet men er sultana-rozijnen in benevens wat bessennat, frambozensiroop, alsmede een citroenschil. Daarna laat men de soep nog op een zacht vuur ruim een uur doorkoken. Suiker naar smaak.

R. 67. **Sina's-appelsoep**. Eenige sina'sappelen worden uitgeperst en het sap met koud water opgezet. Er wordt wat citroensap aan toegevoegd. Ook raspt men het geel van een paar sina'sappelen en een paar citroenen zonder het wit te raken. Nadat men de geraspte schil bij de soep heeft gedaan en suiker naar smaak er aan heeft toegevoegd, bindt men de soep met maizena en dient ze op met een keukenbeschuit.

R. 68. **Vruchtensoep**. Verschillende vruchten, zooals de tijd die oplevert, worden goed schoongemaakt en goed gewasschen. Men lette er op dat vruchten, die lang kunnen of moeten koken, zooals appelen en peren het eerst in den soeppot komen en vruchten, die niet tegen het koken kunnen, zooals aardbeien en perziken bijv. pas in de soep worden gedaan, als de soep met de maizena gebonden is, waarna men ze nog even laat doorkoken. Koud of warm op te dienen. [40]

R. 69. **Zuringsoep (Zoete)**. De zuring wordt goed nagezien, maar niet afgerist, daarna goed gewasschen en met water opgezet. Als ze gesmolten is, giet men ze door een zeef, voegt er krenten, rozijnen en suiker naar smaak aan toe, bindt ze met maizena en laat ze dan nog een kwartier op een zacht vuur staan. Vóór het opdienen roert men er wat boter door. [41]

Hoofdstuk III.

Voorgerechten.

De recepten in dit hoofdstuk zijn uitnemend geschikt bij den overgang tot het vegetarisme, zoolang men zijn vleesch nog niet vergeten is en den prikkel van de vleeschjus mist. Voor hen, die aan de zenuwprikkelende vleeschgerechten gewoon waren geraakt, is het ongetwijfeld een groote stap voorwaarts als de entrées, de hors d'oeuvre's enz. van vleesch en visch hun plaats hebben afgestaan aan gerechten uit eieren of uit graan- en peulvruchten bereid.

R. 70. **Aardappelcroquetten**. Overgebleven of opzettelijk voor het doel gekookte aardappelen worden door een grove zeef fijngewreven of met een groentemolen gemalen. Men vermengt de aardappelen met wat melk, een kluitje boter, een paar rauwe eieren, wat gefruite fijn gehakte uien, wat gehakte peterselie en zout naar smaak. Heeft men een stevig deeg, dan steekt men er brokken uit, die men langwerpig rond rolt. Men doopt de croquetten eerst in eiwit en daarna in paneermeel of fijngestampte beschuit en bakt ze daarna als oliebollen in kokend plantenvet.

R. 71. **Aardappelgebraad**. Warme gekookte aardappelen worden fijngemaakt. Men hakt wat rauwe uien, peterselie en kervel met wat gekookte linzen goed fijn. Vervolgens [42]mengt men alles goed dooreen onder toevoeging van wat melk, een flink kluitje boter, een paar rauwe eieren en wat soja en zout naar smaak. Van dit mengsel maakt men balletjes, die men door eiwit haalt, dan in gestampte beschuit wentelt en vervolgens met een breed mes wat plat drukt, waarna men met een mes of vork er figuurtjes op maakt. Men bakt ze in een koekepan lichtbruin. Men garneert den schotel met wat sla, doperwtjes, worteltjes en takjes peterselie, besproeit ze ze met een bruine botersaus (R. 123 of 124) en dient ze op.

R. 72. **Boonencroquetten**. Overgebleven of opzettelijk gekookte (bruine, witte of welke andere soort van) boonen vermengd met een paar rauwe eieren, in boter lichtbruin gefruite fijngesneden uien en met zooveel geraspt brood, beschuitkruim of fijngemaakte aardappelen, dat men een stevig deeg verkrijgt. Zout naar smaak. Verder handelt men als bij de aardappelcroquetten (R. 70) is voorgeschreven.

R. 73. **Bruine-boonencroquetten.** (Zie R. 72).

R. 74. **Capucijnercroquetten.** Met overgebleven of opzettelijk gekookte capucijners handelt men als met boonencroquetten. (Zie 72). Van grauwe erwten kan men op dezelfde wijze grauwe-erwtencroquetten maken.

R. 75. **Champignoncroquetten.** Men neemt droog gekookte rijst, behandeld volgens R. 331 of 332 en mengt ze met een kluitje boter en de ragoût volgens R. 76 bereid (maar niet gebonden) goed dooreen. Men voegt er zout naar smaak bij en handelt verder als bij R. 70 is voorgeschreven.

R. 76. **Champignonragoût met pommes frites.** Gave champignons worden goed gewasschen, in stukken gesneden en weer gewasschen, zoodat alle zand er uit is. Als men ze opzet, [43]moet het water met de champignons gelijk staan. Men doet er soja naar smaak bij en een paar tomaten en brengt ze zachtjes aan de kook. Heeft men geen tomaten bij de hand dan een paar fijngesneden uitjes, in boter gefruit, en het geel van een citroenschil fijn geraspt, zoo dat het wit niet geraakt wordt. Zijn de champignons gaar, wat na ongeveer anderhalf uur het geval zal zijn, dan voegt men er fijngehakte peterselie bij en laat het nog enkele minuten doorkoken, waarna men de ragoût bindt met bloem in boter lichtgeel gefruit. Zout naar smaak. Zie voor de pommes frites R. 175 en 176.

R. 77. **Eierbroodjes.** Men snijdt van geraspte broodjes het bovenste deel af, holt het overblijvende deel voorzichtig uit, besmeert ze van binnen met wat boter. Daarna vult men ze met een mengsel van rauwe en gekookte eieren, wat room en geraspte Parmesaansche kaas en een weinig zout. Men zet er vervolgens de dekseltjes weer op, besmeert ook de buitenzijde met wat gesmolten boter en zet ze daarna in den oven.

R. 78. **Eierragoût met pommes frites.** Harde eieren worden gepeld en in vierde parten gedeeld. Fijngesneden uitjes worden gefruit en in kokend water met wat fijngehakte peterselie en wat fijngemalen amandelen gaargekookt daarna gebonden met bloem in boter lichtbruin gefruit, waarna er de eieren bij gedaan worden. Soja en zout naar smaak. Zie voor de pommes frites R. 175 en 176.

R. 79. **Ei-, Kievits-, Piethein- of Spikkelboonencroquetten**. Met overgebleven of opzettelijk gekookte boonen van deze soort handelt men als bij boonencroquetten is voorgeschreven. (Zie R. 72).

R. 80. **Erwtencroquetten**. Met overgebleven of opzettelijk gekookte [44]groene erwten handelt men als bij boonencroquetten is voorgeschreven. (Zie R. 72).

R. 81. **Flageolet-boonencroquetten**. Met overgebleven of opzettelijk gekookte flageoletboonen handelt men als bij boonencroquetten is voorgeschreven. (Zie R. 72).

R. 82. **Gele-erwtencroquetten**. Met overgebleven of opzettelijk gekookte gele erwten handelt men als bij boonencroquetten is voorgeschreven. (Zie R. 72).

R. 83. **Gevulde broodjes**. Men handelt met geraspte broodjes als voor eierbroodjes in R. 77 is voorgeschreven, maar in plaats van met het daar beschreven vulsel vult men ze met de champignonragoût van R. 76, of met de eierragoût van R. 78 of met het schijngehakt van R. 91 of wel met de uienragoût van R. 94.

R. 84. **Groentegebraad**. Verschillende soorten van groenten worden schoongemaakt, goed fijngehakt en daarna nogmaals gewasschen. Men laat ze daarna goed uitlekken en vervolgens fruit men ze met boter of met olie. Versch gekookte aardappelen worden fijngestampt of met een groentemolen gemalen en daarna met de gefruite groenten vermengd. Men voegt er nog een paar rauwe eieren, wat gebakken uien, wat boter, een weinig soja en zout naar smaak aan toe. Vervolgens mengt men alles goed dooreen, vormt er balletjes van, die men door eiwit haalt en daarna door fijngestampte beschuit wentelt. Men drukt de balletjes met een breed mes wat plat, maak er figuurtjes op en bakt ze in ruim olie of plantenvet. Men kan den schotel garneeren met blaadjes sla, schijfjes tomaten, halve of vierdedeelen van harde eieren en takjes peterselie. Bij het opdienen van het gebraad giet men er bruingebakken boter over. [45]

R. 85. **Kastanjebroodjes**. Na kastanjes te hebben behandeld als in R. 302 of 303 is voorgeschreven, laat men ze met wat boter tot een dikke brij stoven. Die brij vermengt men met een geklutst ei. Mocht ze dan nog wat schraal smaken, dan doet men er nog wat boter door. Met dit mengsel vult men uitgeholde broodjes, die men met wat gesmolten boter besproeit en in een vuurvasten schotel in een vrij heeten oven nog ongeveer 20 minuten laat staan.

R. 86. **Koolcroquetten**. Overgebleven of opzettelijk daarvoor gekookte witte, savoye- of groene savoyekool wordt fijngehakt en vermengd met fijngemaakte gekookte aardappelen, met een paar rauwe en een paar gekookte eieren en wat zout naar smaak. Heeft men een stevig deeg, dan steekt men er brokken van en handelt er verder mee als bij de aardappelcroquetten is voorgeschreven. (Zie R. 70).

R. 87. **Koolcroquetten (Gevulde)**. Middelgroote bladeren van witte kool worden in ruim water goed half gaar gekookt, desverkiezende met wat zout; daarna laat men ze uitdruipen. Nu legt men op elk koolblad wat schijngehakt (zie R. 91), rolt het op, slaat het toe en bindt het dicht met een niet te dunnen draad, opdat men dien er gemakkelijk na 't roosteren zal kunnen afhalen. Daarna wentelt men de croquetten eerst in eiwit en daarna in paneermeel of fijngestampte beschuit en bakt ze met boter lichtbruin in de koekepan.

R. 88. **Linzencroquetten**. Met overgebleven of opzettelijk gekookte linzen handelt men als bij boonencroquetten is voorgeschreven. (Zie R. 72).

R. 89. **Pasteitjes**. Men neemt bladdeeg, bereid volgens R. 517[46]of 518. Met een uitsteekvorm of met een bierglas steekt men er ronde plakken van 1 cM. dikte uit. Men plaatst een plakje op een bakblik en uit een tweede dergelijke plak steekt men eerst een dekseltje. De overschietende rand wordt met een weinig geklutst ei bestreken en daarna op de eerste plak geplaatst. Een vulling volgens R. 91 bereid, maar niet gebakken, alleen even gestoofd, wordt met wat eiwit bestreken en daarna in het pasteitje geplaatst. Het dekseltje gaat er pas na het bakken op. Men bakt ze in een flink verhitten oven. Ook kan men ze eerst bakken en ze daarna vullen met champignonragoût (R. 76) en ze dan nog eenige minuten in den heeten oven plaatsen.

R. 90. **Rijstcroquetten**. Droog gekookte rijst, behandeld volgens R. 331 of 332, wordt met wat peterselie, een of twee eieren, een kluitje boter en wat soja goed dooreengemengd. Van het deeg steekt men brokken en handelt verder als voor aardappelcroquetten (R. 70) is voorgeschreven.

R. 91. **Schijngehakt I**. Men neemt gekookte linzen, niet te gaar, laat ze op een vergiet uitdruipen, drukt ze door een zeef of maalt ze door een groentemolen, vermengt ze met wat gefruite fijngesneden uitjes, met een paar rauwe en een paar hard gekookte eieren en wat zout. Men kneedt het deeg goed en voegt er desverkiezende nog wat fijngehakte peterselie aan toe. Men kan dit deeg gebruiken voor vulsel of om er balletjes van te maken, die men eerst in eiwit en vervolgens in paneermeel of beschuitkruim doopt en dan als oliebollen bakt in kokende plantenboter.

R. 92. **Schijngehakt II**. Op 40 gekookte aardappelen neemt men 5 gestampte beschuiten, twee hard gekookte en twee [47]rauwe eieren, een weinig sjalotten en peterselie, heel fijngehakt. Men maakt er een bal van, die men in de boter braadt. Om de tien minuten bedruipt men den bal met de bradende boter, keert hem vervolgens, om hem ook op de andere zijde te braden. Als de boter bruin is, doet men er van tijd tot tijd een weinigje heet water bij.

R. 93. **Spinaziecroquetten**. Overgebleven of opzettelijk gekookte spinazie wordt vermengd met fijngemaakte gekookte aardappelen, door de zeef gewreven of met de groentemolen gemalen. Men kneedt door het deeg een paar rauwe en een paar gekookte eieren, een kluitje boter en zout naar smaak. Men steekt van het deeg brokken en handelt verder als in R. 70 bij de aardappelcroquetten is voorgeschreven.

R. 94. **Uienragoût met pommes frites**. Mooie groote uien worden zeer fijngesneden, daarna in natuurboter lichtbruin gefruit. Men zet ze vervolgens op met heet water en voegt er wat soja bij, wat fijngemalen amandelen en het geel van een citroen, voorzichtig geraspt, omdat men het wit niet mag raken. Met bindt de ragoût met in boter geel gefruite bloem en voegt er zout naar smaak bij. Voor de pommes frites zie R. 175 en 176.

R. 95. **Witte-boonencroquetten**. Zie R. 72. [48]

Hoofdstuk IV.

Eiergerechten.

Wie van geen eieren houdt, behoeft ze niet te eten. Wie er een groot minnaar van is, die betrachte de matigheid, want er worden meer sterfgevallen en kwalen veroorzaakt door een te overvloedig dan door een te karig gebruik van eiwithoudend voedsel.

Wie daar meer van wil weten, schaffe zich het werkje aan van Dr. Paczkowski: "Zelfvergiftiging van het lichaam (auto-intoxicatie als oorzaak van ziekten)".

Intusschen, wie bevreesd is, dat de overgang tot het vegetarisme hem te veel zal aangrijpen als hij, behalve het vleesch, ook de eieren liet staan, die doet wijzer eieren te gebruiken dan bij het vleesch te blijven, als hij maar in het oog houdt, dat een dagelijksch gebruik van eieren op den duur tot overvoeding moet leiden.

R. 96. **Eieren (gebroken of verloren)**. Men zet water op met een weinig zout. Als het water doorkookt opent men voorzichtig een ei aan het breede uiteinde. Eveneens handelt men met het tweede en elk volgende. Men laat ze langzaam gaar worden en dient ze op met de zure saus beschreven in R. 135.

R. 97. **Eieren (gegarneerde)**. Harde eieren ontdoet men van de schaal en plaatst ze in een ondiepen schotel. Men giet [49]er een dikke champignonsaus over, bereid volgens R. 126. Daarna garneert men den schotel met doperwtjes en petiersie, deels fijngehakt, deels in takjes.

R. 98. **Eieren (gekookte). I. Zacht gekookt**. Men legt voorzichtig (liefst in een eiernet) de eieren in kokend water. Raakt het water van de kook, doordat er te veel eieren in eens in komen, dan rekent men van het oogenblik af, dat het water weer kookt. Zacht gekookte eieren moeten 3 minuten in kokend water liggen.

R. 99. **Eieren (gekookte). II. Gestold wit, zachte dooier**. Men handelt als voren. Van het oogenblik af, dat het water weer kookt, wacht men 3½ minuut, neemt dan de pan met eieren van het vuur en laat ze dan nog van 5 tot 8 minuten in het heete water. Dadelijk daarop dompelt men ze in het koude water gedurende één minuut.

R. 100. **Eieren (gekookte). III. Hard gekookt**. Duur der koking 6 of 7 minuten. Men berekent den tijd van het oogenblik, dat het water kookt na het indompelen der eieren. Vervolgens dompelt men ze in het koude water.

R. 101. **Eieren (geroerde). (Roereieren). I**. In een koekenpan laat men boter smelten (of olie verhitten), klopt eenige eieren met wat zout en roert met een houten lepel op een zacht vuur alles langzaam dooreen, tot zich brokken van behoorlijke dikte hebben gevormd.

R. 102. **Eieren (geroerde). (Roereieren). II**. Op een ei neemt men een halve eierdop water en wat zout, klopt eieren met het water dooreen, en giet het dan in de koekenpan, waarin men boter heeft laten smelten of olie verhit heeft. Als het begint te stollen, roert men tot het gaar is. [50]

R. 103. **Eieren (geroerde). (Roereieren). III**. Zes eieren worden met 9 lepels melk en wat zout geklutst. Nadat men 50 gr. boter in de koekenpan heeft laten smelten, stort men de geklopte eieren in de pan en blijft roeren, totdat zich brokken van behoorlijke dikte hebben gevormd.

R. 104. **Eieren (geroerde). (Roereieren). IV**. Men klutst eenige eieren met wat boter, wat zout en wat geraspte kaas in een pannetje, dat men in een grooter, met water gevuld pannetje plaatst. Men roert de eieren, totdat ze gaar zijn en laat ze niet te droog worden.

R. 105. **Eieren (gestoofde)**. Kokende melk wordt met in boter gefruite bloem gebonden. Als er room en zout naar smaak aan toegevoegd is, roert men er wat fijngehakte peterselie door en eindelijk ook heel voorzichtig hard gekookte eieren, die men gepeld en in vierdeparten heeft gesneden. Daarna laat men alles, voorzichtig roerende, nog wat op een zacht vuur doorkoken.

R. 106. **Eieren (gevulde)**. Men laat de eieren 9 à 10 minuten koken, koelt ze dan af in koud water en pelt ze. De eieren worden overdwars in twee helften gesneden. Daarna wordt de dooier voorzichtig verwijderd. De beide helften worden daarna gevuld met champignonragoût (R. 76), met eierragoût (R. 78), met uienragoût (R. 94) of met schijngehakt (R. 91).

Nadat men ei voor ei de beide helften vereenigd heeft, legt men ze in een vuurvasten schotel en laat ze met wat boter er overheen in een matig verhitten oven nog ongeveer een half uur stoven. De dooiers legt men ter garneering om het gerecht, dat met bruine botersaus (R. 123 of 124) wordt opgediend.

R. 107. **Eieren (gezouten)**. Men kookt versche eieren 8 à 10 [51]minuten en koelt ze af in koud water, waarna men de schaal der eieren rondom kneust. Dan legt men ze in een sterke pekel (30 gram zout op 1 L. water) waarin men ze 24 uur moet laten liggen.

R. 108. **Eieren met bechamelsaus**. Men snijdt harde eieren overlangs in tweeën, dompelt ze daarna in den heeten Bechamelsaus, beschreven in R. 120. Men spreidt de eieren met de saus op een platten schotel uit en garneert den schotel met langwerpige stukjes gefruit wittebrood en takjes peterselie.

R. 109. **Eieren (Zwitsersche)**. In een vuurvast schoteltje, van binnen met boter besmeerd, breekt men een ei stuk, zoodat de dooier heel blijft. Men doet wat room en geraspte kaas over het ei en laat het een kwartier in een flink verhitten oven bakken. Bij het opdienen garneert men het met een takje peterselie.

R. 110. **Eierfricassée**. Harde eieren worden gepeld, daarna gehalveerd, opgediend op een schoteltje met een krans rijst er om heen. Het gerecht wordt flink begoten met een zeer dikke zure saus, beschreven in R. 135.

R. 111. **Omelette**. Men klopt eenige eieren met water (desverkiezende melk) — een halve eierdop vocht op een ei — gedurende 5 minuten. Men giet het beslag in de koekenpan, waarin boter gesmolten of olie verhit is en bakt de omelette op een matig vuur, niet verzuimende nu en dan ze met een mes op te lichten of er in te steken om de olie of boter er goed onder te laten loopen en ze luchtig te krijgen. Wanneer men ze aan ééne zijde bakt, dient men ze dichtgeslagen op met de gebakken zijde naar buiten. Men dient ze op met witte suiker. [52]

R. 112. **Omelette (Fransche)**. Men handelt als in R. 111 is voorgeschreven, legt gehakte peterselie op de niet-gebakken zijde en vouwt ze dubbel.

R. 113. **Omelette met champignonragoût**. Men bakt de omelette zooals in R. 111 is voorgeschreven. Champignonragoût, bereid volgens R. 76 spreidt men over den ongebakken kant, waarna men de omelette dubbel vouwt en ze opdient met een takje peterselie er om heen.

R. 114. **Omelette met champignons**. Na champignons volgens R. 76 te hebben gereinigd hakt men ze grof en fruit ze met een weinig gehakte peterselie in boter gaar. Als ze genoegzaam zijn afgekoeld, worden ze met een weinig zout door de geklopte eieren geroerd. De omelette bakt men verder volgens R. 111. Bij het opdienen garneert men ze met takjes peterselie en mooie gele slablaadjes.

R. 115. **Omelette met kaas**. Men beslaat eieren als in R. 111 is voorgeschreven, mengt geraspte of aan dobbelsteentjes gesneden kaas door het beslag en bakt ze verder volgens R. 111.

R. 116. **Omelette met uienragoût**. Men handelt als in R. 113 is voorgeschreven, behalve dat men de champignonragoût vervangt door een uienragoût bereid volgens R. 94.

R. 117. **Omelette met vruchten**. Men handelt als in R. 113 is voorgeschreven, legt er vruchtenmoes of jam inplaats van ragoût op, vouwt ze dubbel en bestrooit ze met witte suiker.

R. 118. **Omelette met Zuring**. Men handelt als in R. 111 is voorgeschreven, legt gesmolten zuring op den ongebakken kant, vouwt ze dubbel en bestrooit ze met suiker. [53]

R. 119. **Spiegeleieren (Kalfsoogen)**. Men smelt boter in de pan of doet er wat olijfolie in. Men opent voorzichtig een ei aan het breede uiteinde om het dooier niet te laten uitloopen, boven de pan, zoodat de inhoud in de boter komt. Eveneens handelt men met het tweede, en elk volgende, het eene naast het andere, totdat de pan gevuld is of het vereischte getal is verkregen. Als het wit gaar en stijf is, neemt men de pan van het vuur. Sommigen vinden de eieren lekkerder als de pan met een bord of schotel bedekt is onder het bakken. Om een meer ronden vorm aan de spiegeleieren te geven kan men zich bedienen van een soort poffertjespan, waarvan de holten grooter en dieper zijn dan die waarin de poffertjes gebakken worden. [54]

Hoofdstuk V.

Sausen en vla's.

Bij het herlezen wat op blz. 15–20 tegen het kruiden, zouten, vetten en zoeten der spijzen is aangevoerd, begrijpt men, dat ons streven moet zijn om tot die eenvoudige leefwijze te komen, waarbij tong en gehemelte prikkel genoeg ontleenen aan den natuurlijken smaak, die iedere soort van spijs en drank eigen is.

De overgang van de levenswijze, die nu nog algemeen gebruikelijk is, tot die zonder kunstmatige prikkels zal in den regel geleidelijk zijn en daarom is het noodig sausen te bereiden, die smakelijk zijn zonder nochtans de nadeelige gevolgen na zich te sleepen, die de prikkelende sausen van de hedendaagsche keuken maar al te veel veroorzaken.

't Is zeker een groote verbetering en een toenadering tot den eisch, dat de natuurlijke smaak der spijzen den eter genoeg moet zijn, indien het nat der gekookte groenten en vruchten, dat gewoonlijk door den gootsteen wegloopt, bij de sausen het voornaamste bestanddeel uitmaakt.

Vruchtensausen en vla's moeten niet zoozeer dienen om vruchten te vervangen dan wel om den weg te bereiden tot een grooter gebruik van ooft.

A. Warme sausen.

R. 120. **Bechamelsaus**. Men fruit 30 gram fijngehakte uien lichtbruin in 30 gram boter en evenzoo 50 gram bloem in [55]70 gram boter. Een en ander voegt men bij ¾ liter melk, die men geheel of gedeeltelijk kan vervangen door het nat van champignons. Men doet er zout en soja naar smaak bij, zet het op een zacht vuur en blijft roeren totdat de bloem gaar is. Daarna laat men de saus door een zeef loopen en roert er nog ¼ liter room door.

Men gebruikt de saus bij het opdienen van harde eieren volgens R. 108 en bij het aardappelgerecht beschreven in R. 181.

R. 121. **Botersaus I. (gewelde boter)**. Nadat men boter tot schuim heeft geslagen, voegt men er onder gestadig roeren heet water aan toe. De gewelde boter moet gebonden, niet vloeibaar zijn.

R. 122. **Botersaus II**. Men kneedt met een vork versche boter met bloem of meel dooreen (10 gr. boter op 1 eetlepel bloem). Daarna roert men de gevormde kluit in kokend water en blijft doorroeren, totdat zich een lijmige saus heeft gevormd.

R. 123. **Botersaus (bruine) I**. Nadat men boter heeft laten snerken, laat men ze eerst wat afkoelen, voegt er dan onder gestadig roeren heet water aan toe, of het heete nat der gekookte spijzen, daarna een weinig soja en laat ze vervolgens nog even doorkoken.

R. 124. **Botersaus (bruine) II**. Men fruite in een droge koekenpan een paar lepels bloem lichtbruin. De pan mag niet te heet zijn en de bloem moet voortdurend goed geroerd worden om het aanbranden te voorkomen. Als de bloem lichtbruin gefruit is, doet men ze in een pannetje, voegt er dan roerende twee kopjes heet water aan toe en blijft doorroeren, totdat het heeft doorgekookt en het een gebonden saus is geworden. Daarna voegt men er [56]boter bij, die men eerst heeft laten snerken en laat alles gezamenlijk nog eens doorkoken.

R. 125. **Botersaus (pikante)**. Men fruit fijngesneden uien in boter, eveneens bloem, tot ze een lichtgele tint heeft. Hierbij voegt men kokend water. Men laat al roerende de saus doorkoken, totdat ze lijmig wordt.

R. 126. **Champignonsaus**. De champignons, hetzij versche of gedroogde, worden bij herhaling gewasschen, in stukken gesneden en nog eens gewasschen. De gedroogde worden daarna nog een uur of drie geweekt. De champignons worden (de gedroogde met het weekwater) ruim opgezet. Zijn ze gaar, dan wordt de saus gebonden met in boter gefruite bloem, waarbij men nog een paar in boter gefruite uitjes voegt. Desverkiezende voegt men er citroensap of peterselie aan toe. Zout naar smaak.

R. 127. **Dragonsaus**. Ongeveer een halven eetlepel dragon kookt men in weinig water, na ze goed gewasschen en daarna klein gesneden te hebben. Men voegt er heet water aan toe en bindt de saus met in boter gefruite bloem, waaraan men wat citroensap toevoegt. Zout naar smaak.

R. 128. **Peterseliesaus**. Men wascht een handvol peterselie in lauwwarm water, hakt ze zeer fijn en roert ze door de botersaus II (R. 122). Sommigen laten de saus dan nog even op een zacht vuur doorkoken; anderen geven er de voorkeur aan ze ongekookt op te dienen.

R. 129. **Rozijnensaus (warme)**. Goed gewasschen rozijnen worden gestoofd op een zacht vuur, totdat ze een mooien ronden vorm hebben. Men kookt ze het best in het nat van het gerecht, waarbij de saus gebruikt wordt en handelt [57]verder als bij stoofsaus R. 130 of bij pikante stoofsaus R. 131 is voorgeschreven.

N.B. Op dezelfde wijze kan men ook *dadelsaus*, *pruimensaus* enz. bereiden. Al deze *warme vruchtensausen* smaken goed bij de meeste peulvruchten en bij verschillende meelgerechten.

R. 130. **Stoofsaus**. Men verkrijgt stoofsausen door bloem in boter te fruiten en daarbij telkens bij kleine hoeveelheden het nat te voegen van de gestoofde gerechten of van de te bereiden saus. Onder gestadig roeren laat men de saus op een zacht vuur koken, totdat ze gebonden is.

Bij het fruiten van de bloem houde men in het oog, voor welk gerecht de saus zal dienen. Voor sausen bij bloemkool en schorseneren bijv. moet men met het fruiten van het meel niet verder gaan dan tot het tijdstip, dat het meel zich korrelt: dus neemt men het van het vuur, voordat het meel zijn witte kleur verliest.

Bij andere gerechten zal de saus beter smaken, als het meel bij het fruiten een gele kleur gekregen heeft, terwijl bij nog andere, bij bruine boonen bijv., het meel lichtbruin gefruit mag wezen.

R. 131. **Stoofsaus (pikante)**. Men handelt als in R. 130 bij stoofsaus is voorgeschreven, behalve dat men niet alleen bloem, maar ook een of twee fijngesneden uitjes in boter fruit.

R. 132. **Stoofsaus (zure)**. Men klopt één à twee eieren goed door elkaar, maakt een stoofsaus zooals in R. 130 is voorgeschreven. Als de saus goed doorkookt, giet men ze langzaam op de eieren, steeds in dezelfde richting roerende. Als de saus van het vuur is, roert men er zooveel citroensap door, dat ze een aangenamen zuren smaak krijgt. [58]

R. 133. **Tomatensaus**. Men wascht de tomaten en snijdt ze zoo noodig in vierdeparten, zet ze op met zooveel water, dat het met de vruchten gelijkstaat. Als ze gaar zijn, wat men aan de schil kan zien, omdat ze dan barst, wrijft men ze door een zeef, zoodat schil en pit achterblijven. Vervolgens handelt men als bij de bereiding van de pikante stoofsaus (R. 131).

R. 134. **Uiensaus**. Men schilt uien, snijdt ze in schijfjes, laat ze week stoven en handelt verder als bij de bereiding van stoofsaus R. 130.

R. 135. **Zure saus**. Men klopt één à twee eieren goed door elkaar, maakt een botersaus als in R. 122 is voorgeschreven van 20 à 30 gram boter en 2 of 3 eetlepels bloem. Als de saus goed doorkookt, giet men ze langzaam op de eieren, steeds in dezelfde richting roerende. Als de saus van het vuur is, roert men er zooveel citroennat door, dat ze een aangenamen zuren smaak krijgt.

R. 136. **Zuringsaus**. Zuring wordt gestript en goed gewasschen. Dan zet men ze zonder uitdrukken op een zacht vuur. Is de zuring gesmolten, dan handelt men als bij de bereiding van stoofsaus R. 130, ze desverkiezende verzoetende door suiker, honing of rozijnen.

B. Koude sausen.

R. 137. **Mayonnaise I**. Door vier eierdooiers roert men gelijkmatig *droppelsgewijze* beste olijfolie, totdat de saus dik geworden is. Om de olijfolie gemakkelijk droppelsgewijze bij de dooiers te voegen maakt men een klein gaatje in een eierschaal, waarin men de olie doet. Kort vóór het aanrichten roert men er citroensap naar smaak door. [59]

N.B. Men zij indachtig voortdurend in dezelfde richting te roeren.

R. 138. **Mayonnaise II**. Men klopt een eierdooier met 10 gram bloem, voegt er al roerende water en melk bij, daarna een weinig slaolie en zet ze onder gestadig roeren op een zacht vuur. Is ze gebonden, dan neemt men ze van het vuur en laat ze bekoelen. Als ze koud is geworden, voegt men er, zoo noodig, slaolie bij, citroensap naar smaak en wat gehakte kervel of peterselie of eenig ander toekruid.

R. 139. **Mayonnaise-room**. Even voordat de Mayonnaise wordt gebruikt, mengt men er een paar eetlepels geslagen room door.

R. 140. **Slasaus**. Na een hard gekookt ei fijngewreven te hebben, vermengt men het met een rauw ei en 2 deciliter melk, verwarmt dit mengsel tot het dik wordt, zorgdragend, dat het niet tot kookhitte verwarmd wordt. Zoodra het dik is, neemt men het van het vuur, giet het over in een kom om het te laten afkoelen. Wanneer de saus koud is, roert men er 2 eetlepels citroensap door.

C. Vruchtensausen.

R. 141. **Aardbeiensaus**. De helft der gewasschen vruchten wrijft men onder bijvoeging van wat water door een zeef en zoet het nat naar smaak. Daarna late men de saus op een zacht vuur aan het koken komen. Is de saus te dun dan doet men er wat maizena bij, met koud water aangemengd; is ze te dik dan wat kokend water om ze aan te lengen. Daarna voege men er de overige helft der aardbeien bij, zorgdragende, dat de saus dan niet meer kookt. [60]

R. 142. **Abrikozensaus**. Na de abrikozen goed gewasschen en ontkernd te hebben, wrijft men de eene helft der vruchten onder bijvoeging van wat water door een zeef. Daarna handelt men als bij de bereiding der aardbeiensaus. Men voegt er, als de saus goed van dikte is, de andere helft der abrikozen (gehalveerd of in vierde gedeelten) aan toe en zoet ze naar smaak.

R. 143. **Bessensapsaus**. Het uitgeperste nat van roode of zwarte aalbessen wordt gekookt en met een weinig maizena gebonden, nadat men het met suiker naar smaak gezoet heeft.

R. 144. **Boschbessensaus**. Goed gereinigde en gewasschen boschbessen kookt men in kokend water gaar, wrijft ze door een zeef, zoet ze met bruine suiker, kruidt ze met citroenschil en een snuifje kaneel en bindt ze daarna met maizena. Naar verkiezing koud of warm te gebruiken.

R. 145 Citroensaus. Men handelt met citroensap juist als met het nat van bessen bij R. 143, maar roert er, als de saus van het vuur genomen is, nog één of twee geklopte eierdooiers door.

R. 146. **Citroensaus met Javaansche suiker (goela djawa)**. Doe wat water met een weinigje citroensap in een pannetje en doe er de noodige hoeveelheid Javaansche suiker (goela djawa) bij. Als de suiker is opgelost en begint te koken, wordt ze met een weinigje maizena gebonden.

R. 147. **Frambozensaus**. Men bereidt frambozensaus op dezelfde wijze als aardbeiensaus (R. 141).

Bij de frambozen lette men er vooral op, de wormpjes te verwijderen. [61]

R. 148. **Kersensaus**. Men bereidt kersensaus op dezelfde wijs als abrikozensaus (R. 142).

R. 149. **Kweeperensaus**. Men snijdt van goed gewasschen rijpe kweeperen steel en bloesem weg, snijdt ze ongeschild in kleine stukjes, laat ze gaar stoven in weinig water met wat suiker. Vervolgens wrijft men ze door een zeef, doet er wat maizena door, dat men met wat koud water heeft aangemengd, lengt vervolgens onder gestadig roeren het nat met zooveel kokend water aan, tot zich een dikke lijmige saus heeft gevormd.

R. 150. **Perziksaus**. Men bereidt perziksaus op dezelfde wijze als abrikozensaus (R. 142).

R. 151. **Pruimensaus**. Men bereidt pruimensaus op dezelfde wijze als abrikozensaus (R. 142).

D. Melksausen.

R. 152. **Amandelsaus I**. Op een halven liter melk neemt men een lepel maizena en een handvol geraspte of fijngesneden zoete amandelen. Men roert de melk gestadig in één richting, totdat ze de vereischte dikte heeft. Als ze bekoeld is, zoet men ze naar smaak.

R. 153. **Amandelsaus II**. Op een halven liter melk neemt men een handvol geraspte of gesneden zoete amandelen en drie eierdooiers. Men zet de melk op het vuur en roert voortdurend in één richting, totdat de saus de verlangde dikte heeft verkregen. Na bekoeling zoet men ze naar smaak.

R. 154. **Chocoladesaus**. Vermeng 25 gram cacao of chocolade met 20 gram maizena en meng het aan met wat koud [62]water, totdat het dun vloeibaar is geworden. Roer het vervolgens door ½ liter kokende melk en blijft doorroeren gedurende 5 à 6 minuten. Suiker naar smaak.

R. 155. **Melksaus I**. Men roert een ei en wat suiker door de melk, laat het mengsel koken en bindt het — zoo noodig — met wat maizena. (Bij rijst enz.).

R. 156. **Melksaus II**. Men bindt de melk met wat bloem of maizena, doet er een heel klein beetje zout in en roert er een kluitje boter door. (Bij bloemkool, schorseneren enz. te gebruiken).

R. 157. **Roomsaus**. Men raspt de schil van een sina'sappel voorzichtig, zoodat men het wit niet raakt. Men roert het geraspte door ½ liter melk. Als de melk kookt, voegt men er suiker naar smaak aan toe en bindt ze met wat maizena. Vervolgens roert men er ¼ liter room door en laat ze dan nog even op het vuur staan.

R. 158. **Vanillesaus**. Terwijl men ½ liter melk met een stokje vanille op een zacht vuur aan de kook brengt, klopt men 3 eierdooiers. Daarbij voegt men wat maizena en wat koude melk, steeds roerend in één richting. Als de dooiers met de koude melk dun genoeg zijn, giet men ze voorzichtig bij de kokende melk, steeds in dezelfde richting roerend, totdat de saus de gewenschte dikte heeft gekregen. Suiker naar smaak.

E. Vla's en crêmes.

R. 159. **Aalbessenvlade I**. Op een halve flesch bessensap neemt men drie geklopte eierdooiers en het water, waarin 200 gram rozijnen een nacht te weeken hebben gestaan. Men brengt het aan de kook, bindt het tot de vereischte dikte met maizena en laat het dan bekoelen. [63]

R. 160. **Aalbessenvlade II**. In plaats van enkele bessensap neemt men de helft bessen- en de helft frambozennat. Verder volgt men R. 159.

R. 161. **Amandelvlade (crême aux amandes)**. Men raspt of snijdt 100 gr. amandelen fijn, die men met 7 geklopte eierdooiers en het tot schuim geklopte wit van 2 eieren en 150 gr. witte suiker door ½ L. room of melk roert, nadat die gekookt heeft en van het vuur genomen is.

Heeft de vla de vereischte dikte niet, dan kan men ze "au bain Marie" plaatsen, onder gestadig roeren totdat ze de verlangde dikte gekregen heeft.

Men moet steeds in dezelfde richting roeren.

R. 162. **Boschbessenvlade**. Men handelt als in R. 144 voor boschbessensaus is voorgeschreven, maar neemt zooveel minder water, dat de saus de dikte krijgt, die voor vla benoodigd is.

R. 163. **Chocoladevlade**. Men roert 7 eierdooiers, 250 gr. cacao of chocolade, 250 gr. suiker en 8 lepels melk door elkaar en beslaat dit deeg, terwijl het op het vuur staat, totdat het kokend heet is. Daarna roert men voorzichtig het tot schuim geslagen wit der vijf eieren door het beslag. Men kan deze vla aanwenden tot het garneeren van taarten en ander gebak.

R. 164. **Citroenvlade I. (crême au citron)**. Men neemt van een halve flesch room een klein gedeelte, dat men met 50 gr. bloem, 125 gr. suiker en 6 eierdooiers dooreen roert, totdat de ingrediënten goed vereenigd zijn.

Dan voegt men er den overigen room bij, zet het beslag op een zacht vuur en laat het nog even doorkoken. Nadat men de vla van het vuur genomen heeft, roert men er — als ze genoeg is afgekoeld — het sap [64]van twee citroenen door en het tot schuim geslagen wit der eieren.

R. 165. **Citroenvlade II. (Crême au citron)**. Een eenvoudiger recept voor citroenvla is een vijftal eieren met suiker goed kloppen, het laten koken met ¼ liter water tot het de vereischte dikte heeft gekregen en daarna het sap van drie geperste citroenen er door roeren. Suiker naar smaak.

R. 166. **Melkvlade**. Men kookt een liter melk met de geraspte schil van een citroen. Nog voordat de melk kookt, giet men er heel voorzichtig, al in dezelfde richting roerende, een kopje melk in, waarin, zeer fijn en dun, maizena is aangemaakt. Als de melk gaat koken, neemt men ze af, doet er twee tot schuim geklopte eieren bij en suiker naar smaak. Vervolgens doet men de vla op een schaal, bestrooit ze met fijngesneden amandelen en laat ze koud worden.

R. 167. **Roomvlade**. Kluts drie eierdooiers met 50 gram suiker, voeg er vervolgens 250 gram bloem bij en ¼ liter melk, zet alles op een zacht vuur en roer gestadig in dezelfde richting, totdat de vla de gewenschte dikte heeft.

R. 168. **Sago-Crême**. Kook een halven liter versche melk met eenige lepels suiker en een stukje citroenschil, schud daarin een eetlepel vol sago en laat dit zacht koken tot de sago doorschijnend is. Doe het dooier van een of twee eieren in een kom en voeg langzaam aan er de sagomelk bij, zorgdragende, dat die niet heet is, anders schiften de eieren. Neem er de citroenschil uit en dien het gerecht warm op.

R. 169. **Vanillevla**. Kook een halven liter versche melk met een [65]stokje vanille. Zoet de melk met bruine suiker naar smaak en voeg er wat geel van een citroenschil bij. Als de melk kookt, bindt men ze met maizena, maar niet te dik; ze moet nog vloeibaar zijn. Laat de vla bekoelen op een schoteltje en garneer ze met geconfijte vruchten. [66]

Hoofdstuk VI.

Hoofdgerechten van jonge planten en jonge plantendeelen.

Men lette er op groente van verwelkte deelen te zuiveren, ze in helder, zacht water te wasschen. Bladgroente zette men alleen op met het water, dat aan de groenten blijft hangen, als men ze uit het water neemt; kool, wortels en peulvruchten hebben wat meer water noodig; postelein, rhabarber, spinazie en zuring daarentegen laat men eerst nog na het wasschen op een vergiet uitlekken, voordat men ze in de pan doet.

Men moet de groenten nooit op een fel vuur zetten en vooral zorg dragen, dat het vuur zacht brandt bij het koken, omdat anders bij het ontsnappen van den damp ook de geurigste bestanddeelen der groenten zich in de lucht verspreiden.

Het water, dat zich bij het koken vormt, wendt men aan tot het maken van een saus volgens R. 129–132. De groenten worden smakelijker, als men, na ze met de stoofsaus te hebben vermengd, ze nog een poosje op een zacht vuur laat stoven.

Wanneer er niettegenstaande alle voorzorg toch nog te veel nat op de groente wordt gevormd, dan bewaart men het om het bij de bereiding van een of andere soep te gebruiken.

Om dezelfde reden, waarom de groente niet mag worden afgegoten, breke men met de slechte gewoonte om kool en andere groenten te laten weeken om af te trekken, hetzij dat gedaan wordt voor de kleur, hetzij om den sterken smaak weg te nemen. Om het laatstgenoemde doel te bereiken is het voldoende wat [67]melk te voegen bij de groenten, die een sterken smaak hebben.

Omtrent het gebruik maken van zout, azijn en specerijen herleze men bladz. 15–20.

A. Stengel- en worteldeelen.

Als de aardappel zich in Europa de belangrijkste plaats onder de hoofdgerechten heeft weten te veroveren, dan heeft hij die bevoorrechte plaats niet te danken aan bijzonder groote voedingswaarde en al evenmin aan zijn natuurlijken smaak. Ongekookt zal de aardappel door geen mensch om zijn smaak gegeten worden.

Hij heeft echter dit voor: 1e dat hij in gekookten staat om den weinig op den voorgrond tredenden smaak, zich gemakkelijk leent om in vereeniging met andere spijzen, hetzij afzonderlijk opgediend, hetzij dooreengemengd gegeten te worden, 2e dat hij in vergelijking met andere eetwaren tot de goedkoope soorten kan gerekend worden, 3e dat hij op verschillende wijzen kan worden bereid, en 4e, wat misschien wel het meeste gewicht in de schaal legt, dat hij al bijzonder lage eischen aan de kookster stelt.

De overige in dit hoofdstuk voorkomende deelen van stengels of wortels overtreffen den aardappel in geschiktheid voor de vegetarische tafel, wat voor een aantal dezer eetwaren al dadelijk daaruit blijkt, dat zij in ongekookten staat eetbaar zijn.

R. 170. **Aardappelen in de schil gekookt**. Na de aardappelen goed te hebben afgewasschen, zoo noodig onder water geborsteld, zet men ze na verkiezing met heet of koud water op. Het water moet niet hooger staan dan halver hoogte van de bovenste laag. Nadat ze ongeveer 15 à 20 minuten hebben gekookt, zullen ze gaar zijn. Men kan zich daarvan overtuigen door er met een vork in te prikken of door er een met een doek uit te nemen. Kan men den aardappel dan wat indrukken, dan is hij gaar. [68]

R. 171. **Aardappelen zonder schil gekookt**. Nadat de aardappelen dun geschild en nauwlettend zijn gepit, zet men ze in koud of heet water met wat zout op, zoo, dat ze juist met het water gelijk staan. Nadat ze een kwartier of 20 minuten hebben gekookt, probeert men door er met een vork in te prikken of ze gaar zijn. Bij het afgieten beware men het afgegoten water, dat rijkelijk zetmeel en ook eenige voedingszouten bevat, om er bij het bereiden van soep gebruik van te maken.

Als men zich overtuigen wil, of het schillen van den aardappel invloed oefent op den smaak, koke men eenige aardappels met en eenige zonder de schil afzonderlijk en beide zonder zout. Bij het proeven zal ieder moeten toegeven, dat er een groot verschil in smaak bestaat, al zal men, uit kracht van gewoonte, vooral als men zich gewend heeft, veel keukenzout bij de aardappels te doen, de voorkeur geven aan met zout toebereide.

Natuurlijk kan men de ongeschilde ook met zout opzetten. Zie omtrent het gebruik van zout bladz. 16 en 17.

De afgegoten aardappelen zet men daarna nog even zonder deksel op het vuur om te drogen, ze nu en dan schuddend om ze een kruimig aanzien te geven.

R. 172. **Aardappelpuree**. De aardappels bereid volgens R. 171 of volgens R. 170, de laatste, na van de schil te zijn ontdaan, worden fijngemaakt en met warme melk of een sausje tot een fijne brij omgeroerd onder toevoeging van boter en desverkiezende wat fijngehakte peterselie.

R. 173. **Aardappelen in de heete asch gebraden**. De goed gewasschen ongeschilde aardappelen worden met een laag heete asch van 2 à 3 c.M. bedekt, die door een bovenvuur heet gehouden wordt, totdat de aardappelen gaar zijn. [69]

R. 174. **Aardappelen (gebakken)**. Gekookte aardappelen snijdt men aan schijven. De schijven bakt men aan beide zijden lichtbruin in olie of in boter. Desverkiezende kan men de olie of boter met wat fijngehakte uien fruiten, voordat men de aardappelschijfjes in de pan doet.

R. 175. **Aardappelen (rauw gebakken) I**. Men schilt rauwe aardappelen en snijdt ze in reepjes of in zeer dunne schijfjes. Onder toevoeging van wat zout bakt men ze in olie of boter aan weerszijden lichtbruin. Het bakken duurt wel iets langer dan wanneer men gekookte aardappelen bakt, maar velen geven aan deze wijze van bereiding de voorkeur.

R. 176. **Aardappelen (rauw gebakken) II. (Pommes frites)**. Rauwe aardappelen worden in schijfjes gesneden en de schijfjes in reepjes. De reepjes worden gewasschen en met een doek afgedroogd. Daarna schudt men er wat zout door en laat ze in kokend plantenvet (even als oliebollen) half gaar bakken. Als ze uitgedropen zijn, bakt men ze gaar met natuurboter in de koekenpan. Wanneer men een groote hoeveelheid tegelijk heeft te bakken, make men gebruik van een frituurmandje van gevlochten ijzerdraad met lange stelen dat men in een diepe pan met kokend plantenvet houdt, totdat de aardappelen gelijkmatig bruin zijn. Dan laat men ze nog een paar minuten uitdruipen.

R. 177. **Aardappelen (gepaneerde)**. Kleine heele of groote aardappelen, middendoor gesneden, die den vorigen dag zijn gekookt, worden in ei en daarna in fijngestooten beschuit gewenteld en dan met wat boter langzaam mooi bruin gebraden.

R. 178. **Aardappelen (gesmoorde)**. Aardappelen, zoo dun mogelijk geschild, wascht men en laat ze op een vergiet afdruipen. [70]Daarna doet men ze in een geëmailleerden of aarden pot, waarop een goed sluitend deksel past. Het deksel legt men er onderstboven op, keert vervolgens den pot om, zoodat de aardappelen op het deksel komen te liggen. Zoo plaatst men den pot in een flink verhitten oven en laat ze er een uur of vijf kwartier in hun eigen damp gaar smoren.

R. 179. **Aardappelen maitre d'hotel. (Aardappelen met peterselie)**. Aardappelen, in de schil gekookt, worden van de schil ontdaan en in schijfjes gesneden. Men laat ze met boter even in de koekenpan bakken, maar niet zoo lang, dat ze bruin worden. Daarna laat men de aardappelen stoven in een saus op de volgende wijze bereid. Men laat wat petroselie met een weinig dragon en een weinig knoflook, alles goed fijngehakt in de boter fruiten, voegt er dan nog een lepel bloem bij, die men helgeel fruit. Hierbij doet men heet water en kookt dan een lijmige saus. Zout naar smaak.

R. 180. **Aardappelen (gerezen). (Pommes de terre soufflées)**. Men schilt groote aardappelen in schijven van ongeveer een vinger dikte, laat ze in boter bakken, maar zoo, dat ze wit blijven en niet geel worden. Dan neemt men de aardappelen er uit, laat de boter heel heet worden, doet er de aardappelen weer schielijk in en — als het een goed soort van aardappelen is — zijn ze in een oogenblik geel en gerezen.

R. 181. **Aardappelen met bechamelsaus**. Men bereidt een kokende bechamelsaus overeenkomstig R. 120, waarin men dikke schijven doet van in de schil gekookte en daarna gepelde aardappelen. Zoo noodig doet men er nog wat zout in, doet het gerecht op een schotel en bestrooit het met Parmesaansche kaas. Door een gloeienden pook [71]er boven te houden kan men de kaas een helder bruine kleur geven.

R. 182. **Aardappelen met groenten (in den schotel gestoofd)**. Overgebleven groenten, die bij elkander gebruikt kunnen worden, vermengt men met versch gekookte aardappelen en doet ze in een vuurvasten schotel. Men voegt er een flink kluitje boter aan toe en zout naar smaak, strooit er wat beschuitkruimels op, legt hier en daar een klein kluitje boter. Men plaatst den schotel in een matig verhitten oven, waarin hij blijft tot zich een licht bruine korst heeft gevormd.

R. 183. **Aardappelen met knollen**. Na knollen te hebben gekookt volgens R. 195 doet men die op een vergiet. De geschilde aardappelen doet men vervolgens met boter en wat zout in het nat der knollen. Boven op de aardappelen stort men de knollen, en laat alles goed gaar stoven. Daarna stampt men de aardappelen en knollen goed door elkaar.

R. 184. **Aardappelen met koolrapen**. Na koolrapen volgens R. 197 te hebben gekookt, doet men ze op een vergiet; vervolgens doet men de geschilde aardappelen in het nat der koolrapen met boter en een weinig zout. De koolrapen stort men op de aardappels en laat vervolgens alles gaar stoven. Daarna worden de koolrapen en aardappelen goed door elkaar gestampt.

R. 185. **Aardappelen met kroten (roode bieten)**. Men mengt volgens R. 198, 199 of 200 gestoofde kroten (roode bieten) met fijngemaakte aardappelen onder toevoeging van boter goed dooreen.

R. 186. **Aardappelen (gebraden) met linzen**. Kleine nieuwe aardappelen [72]ontdoet men van de putjes en leelijke plekjes, wascht ze daarna goed schoon. Vervolgens doet men ze met een flink kluitje boter, een weinig zout en wat gehakte petersie in een diepe pan, die men op een zacht brandend vuur zet. Men schudt ze telkens, om het branden te voorkomen. Zijn ze gaar en lichtbruin dan dient men ze afzonderlijk op met linzen, bereid volgens R. 322.

R. 187. **Aardappelen met peen (tuinwortelen)**. Peen of tuinwortelen, gekookt volgens R. 201 of 202 worden op een vergiet gedaan, vervolgens in het nat der wortelen de geschilde aardappelen gedaan met toevoeging van boter en wat zout. Op de aardappelen worden de wortelen gestort, waarna men alles gaar laat stoven. Vervolgens stampt men peen en aardappelen flink door elkaar.

R. 188. **Aardappelen met postelein**. Als de postelein (zie R. 225) bijna gaar is, laat men ze op een vergiet uitlekken. Men zet de geschilde aardappelen op in het nat van de postelein. Zijn de aardappelen gaar, dan stampt men ze met de postelein door elkaar onder toevoeging van boter of van plantenvet. Zout naar smaak.

R. 189. **Aardappelen met uien**. Rauw geschilde of in de schil gekookte en daarna van de schil ontdane aardappelen worden in schijfjes gesneden. Ook uien worden schoongemaakt en aan schijfjes gesneden. Laagsgewijze wisselen aardappelen en uien elkaar af, terwijl op iedere laag een weinig boter en een weinig zout wordt gedaan. Verder wordt er zooveel water op gedaan, dat het met de bovenste laag gelijk staat en alles op een zacht vuur gestoofd, tot het gaar is.

R. 190. **Asperges (gestoofde)**. Na de harde ondereinden van de [73]asperges te hebben afgebroken, schrape men ze van den kop af naar beneden. Na het schrapen breekt men de asperge in stukken van 5 à 7 cM. en legt de geschraapte deelen in lauw water en melk om het verkleuren te voorkomen. Men zet ze met zeer weinig water en een beetje zout op een zacht vuur en als ze na ongeveer een half uur koken gaar zijn, legt men ze op een vergiet, bindt het nat met in boter lichtgeel gefruite bloem en laat ze daarna nog een kwartier stoven.

R. 191. **Bleekselderij (Engelsche selderij) in den schotel gestoofd**. Na de stengels goed gewasschen te hebben, snijdt men ze in stukken van ongeveer 10 c.M. Men zet ze met weinig water en desverkiezende een beetje zout op een zacht vuur. Indien ze bijna gaar zijn (na 20 of 25 minuten) legt men ze op een vergiet; het nat wordt tot een sausje gebonden met in boter lichtgeel gefruite bloem, waarmee men de selderij laat gaar stoven in een matig warmen oven.

R. 192. **Champignons (gestoofde)**. Men ontdoet gave champignons van den aardachtigen steel, wascht ze, snijdt ze in stukken, weekt ze in lauw water en wascht ze daarna zoolang totdat er geen zand meer in zit. Daarna laat men ze goed uitlekken. Na het uitlekken strooit men er een weinig zout over, doet er dan wat fijngehakte uien en fijngehakte peterselie bij, schudt ze herhaaldelijk en zet ze dan met een weinig water op een zacht brandend vuur.

Zijn de champignons gaar, dan bindt men het nat met wat gestampte beschuit, roert wat boter en bloem door elkaar, fruit die lichtbruin en roert die door de champignons. Men blijft roeren totdat de bloem gaar is en zet dan de champignons op een niet te warme plaats op het fornuis. [74]

R. 193. **Champignons (in den schotel gestoofde)**. Gave champignons worden van het aardachtige deel onder aan den steel ontdaan, goed gewasschen, aan stukken gesneden, dan in lauw water een poosje geweekt, daarna nog zoolang gewasschen, totdat er geen zand meer aan zit. Daarna laat men ze goed uitlekken en legt ze in een vuurvasten schotel. Men bestrooit ze met fijngehakte uien en peterselie. Daarover doet men een weinig zout, soja en wat gesmolten boter en plaatst den schotel in een goed verwarmden oven. Telkens bedruipt men het gerecht nog met gesmolten boter, totdat het gaar is. Men dient het op met geroosterd brood.

R. 194. **Hutspot**. Groote wortelen worden gewasschen, geschraapt, nog eens nagewasschen, vervolgens in schijven of in kleine stukken gesneden. Na een uur kokens op een zacht vuur worden er uien bij gedaan, die goed nagezien, schoongemaakt en aan stukken zijn gesneden. Nadat peen en uien nog ongeveer een kwartier zacht gekookt hebben, doet men ze op een vergiet. De geschilde aardappelen doet men met boter en een beetje zout in het nat van peen en uien en daarop stort men de uien en wortelen weer. Men kan de hutspot stampen of los dooreenroeren, als de aardappelen gaar zijn.

R. 195. **Knollen**. Na de jonge knolletjes geschild, de oude bovendien in schijven en de schijven in reepjes te hebben gesneden, worden ze gewasschen en met weinig water op een zacht vuur gaar gestoofd. Men dient de jonge knolletjes gemeenlijk op met de melksaus R. 156; de winterknollen met de stoofsaus volgens R. 130.

R. 196. **Knolselderij**. Na de knollen geschild te hebben, snijdt men ze in parten en de parten aan schijfjes. Met weinig water en een beetje zout worden ze op een zacht vuur [75]gestoofd, totdat ze bijna gaar zijn (ongeveer 40 à 45 minuten). Vervolgens doet men ze op een vergiet, bindt het nat met in boter lichtgeel gefruite bloem en laat vervolgens de knolselderij in deze saus gaar stoven, ongeveer 15 à 20 minuten.

R. 197. **Koolrapen**. Voor koolrapen wordt dezelfde bereiding gevolgd als voor knolselderij. Gewoonlijk dient men ze op met een melksaus, als in R. 156 is voorgeschreven.

R. 198. **Kroten (roode bieten)**. Kroten worden van de schil ontdaan, daarna vlug gewasschen, opdat er niet te veel sap zou wegvloeien en vervolgens in reepen of schijven gesneden, met weinig water en een weinig fijn gesneden uien op een zacht vuur gezet, totdat ze gaar zijn. Zoo noodig wordt de saus met wat in boter gefruite bloem of wat maizena gebonden, en veelal doet men wat citroensap in de saus.

Men kan de kroten ook, na ze heel goed te hebben schoongemaakt, met de schil koken.

R. 199. **Kroten (roode bieten) met zure appelen**. Nadat de kroten, volgens R. 198 behandeld, bijna gaar zijn, voegt men er een even groote hoeveelheid zure appelen bij, na ze in partjes gesneden en van de klokhuizen ontdaan te hebben en laat ze samen nog een half uur of drie kwartier stoven. Daarna worden ze goed dooreengeroerd en opgediend.

R. 200. **Kroten (roode bieten) met zure gedroogde appelen**. Kroten bereid volgens R. 198 en gedroogde zure appelen volgens R. 273 gaar gestoofd, worden goed dooreengemengd en daarna opgediend.

R. 201. **Peen (jonge). (Tuinwortelen)**. Jonge worteltjes worden [76]gewasschen, geschraapt, nogmaals gewasschen, met weinig water op een zacht vuur gezet. Van tijd tot tijd schudt men ze om het aanbranden te voorkomen. Als ze op het punt zijn gaar te worden, voegt men er wat boter bij met fijngehakte peterselie, schudt ze nogmaals om en laat ze dan nog enkele minuten stoven.

R. 202. **Peen (oude). (Winterwortelen)**. Men schilt de wortelen dun, wascht ze goed af en snijdt ze in schijven of reepjes. Men zet ze op met weinig water en schudt ze van tijd tot tijd. Als ze gaar zijn, voegt men er wat boter met fijngehakte peterselie aan toe, schudt ze nogmaals goed om en laat ze dan nog een minuut of wat stoven.

R. 203. **Prei**. Wil men prei stoven, dan kieze men zulke, die dikke stengels en malsche bladen heeft. Na er de buitenste bladen te hebben afgedaan, snijdt men ze in stukken van ongeveer 5 c.M., wascht ze en zet ze vervolgens met heel weinig water op een zacht vuur. Als ze gaar is, doet men ze op een vergiet, bindt het nat met in boter gefruite bloem en laat vervolgens de prei in de saus nog enkele minuten stoven.

Desverkiezende kan men een weinig citroennat doen in het gebonden nat.

R. 204. **Rhabarbermoes**. Nadat men de rhabarberstengels goed gewasschen heeft, snijdt men ze in kleine stukjes. Men zet ze zonder water op een zacht vuur, klopt een paar eierdooiers, die men er met een hoeveelheid suiker doorroert als ze vloeibaar zijn. Als de rhabarber gaar is, doet men ze op een schotel en roert het wit van de eieren er door, nadat het stijfgeklopt is, of bindt ze met wat maizena. [77]

R. 205. **Schorseneren I**. Men kiest bij voorkeur schorseneren, die noch te dik, noch te dun zijn, wascht ze en schrapt ze, en legt ze dadelijk in lauw water en melk om ze wit te houden. Dan snijdt men ze in stukken van ongeveer 5 c.M. en zet ze met zeer weinig water op het vuur. Men bindt het nat met wat in boter gefruite bloem en laat de schorseneren nog enkele minuten in die saus stoven.

R. 206. **Schorseneren II**. De schorseneren krijgen een geheel anderen smaak, als men ze na het wasschen dadelijk in heet water kookt en ze pas van de schil ontdoet, als ze gaar zijn.

Ontegenzeglijk gaan met deze bereidingswijze minder voedingszouten verloren, toch zal denkelijk de bereiding volgens R. 205 bij de meesten de voorkeur blijven genieten.

R. 207. **Slier- of Sleepasperges**. Nadat van sappige asperges de harde ondereinden zijn afgebroken, worden ze in een langwerpige pan gelegd, waarin men water laat loopen en daarna voorzichtig afgespoeld. Men bindt ze in bosjes van een dozijn en kookt ze gaar in warm water ongeveer na drie kwartier kokens. Als men ze uit het water heeft genomen, maakt men ze los en dient ze op met gesmolten boter en met harde eieren.

R. 208. **Uien (gestoofde)**. Nadat groote stoofuien schoongemaakt en gewasschen zijn, worden ze met weinig water opgezet. Zijn ze gaar, dan laat men ze op een vergiet uitlekken, bindt het nat met in boter gefruite bloem, waarin men desverkiezende wat citroennat doet en laat ze nog een kwartier stoven.

R. 209. **Uien (gevulde)**. Kook groote gave Lissabonsche uien [78]volgens R. 208, bijna gaar, laat ze daarna uitlekken, hol ze voorzichtig wat uit en vul ze daarna met de champignonragoût volgens R. 76 of met de eierragoût volgens R. 78 of met het schijngehakt volgens R. 91. Rangschik dan de uien in een vuurvasten schotel, besproei het gerecht met verdunde ragoût, strooi er fijngestampte beschuit over, plaats hier en daar een kluitje boter en laat den schotel nog een uur in een matig verwarmden oven.

B. Gestoofde bladgroente.

R. 210. **Andijvie I**. Snijd van de andijvie de buitenste verwelkte of te stugge bladeren en den stronk. Snijd de stoelen in reepjes van den stronk af te beginnen. Wasch de andijvie daarna totdat ze van alle zand of aarde gereinigd is en zet ze dan op met het water dat er aan blijft hangen en met heel weinig zout. Als de andijvie gaar is, legt men ze op een vergiet, bindt het nat met in boter gefruite bloem en laat ze vervolgens in deze saus nog ongeveer een half uur stoven.

R. 211. **Andijvie II**. Gestoofde stoelen andijvie. Men laat de stoelen in zijn geheel, neemt de buitenste verwelkte of stugge bladen en het onderste gedeelte van den stronk weg. Vervolgens wascht men de andijvie herhaaldelijk, tot alle zand of aarde verwijderd is. Dan bindt men elken stoel afzonderlijk dicht en kookt ze in weinig water met een weinig zout gaar. Daarna schikt men de stoelen in een vuurvasten schotel, verwijdert de touwtjes, bevochtigt de andijvie met de bruine botersaus volgens R. 123, bestrooit den schotel met fijngestampte beschuit en legt hier en daar een kluitje boter. Zoo laat men de andijvie nog ongeveer 25 minuten of een half uur in den oven stoven. [79]

R. 212. **Gevulde stoelen andijvie**. Nadat de stoelen andijvie zijn gekookt volgens R. 211. laat men ze goed uitlekken. Daarna vult men ze met een linzendeeg (zie R. 91), bindt de stoelen weer dicht en rangschikt ze in een vuurvasten schotel. Men begiet ze vervolgens met bruin gebakken boter, bestrooit ze met fijngestampte beschuit, plaatst hier en daar een kluitje boter en plaatst het gerecht in een matig verhitten oven. Na een uur is het lichtbruin en kan men het uit den oven nemen.

R. 213. **Andijvie met aardappelen**. Als de andijvie (zie R. 210) bijna gaar is, laat men ze op een vergiet uitlekken. Men zet de geschilde aardappels op in het nat der andijvie. Als de aardappelen gaar zijn, stampt men ze met de andijvie door elkaar onder toevoeging van boter. Zout naar smaak.

R. 214. **Artisjokken**. Na van de artisjok den steel te hebben afgesneden met zooveel van den bodem, dat het witte vleesch van de plant te zien is en na de harde bladeren bij den bodem te hebben verwijderd, knipt men nog de harde punten van de schubsgewijze geplaatste bladeren af. Daarna zet men de plant eenigen tijd te weeken in water met citroensap om de insecten te verwijderen, die nog tusschen de bladeren verborgen mochten zijn. Vervolgens plaatst men de plant onderste boven in kokend water met zout en laat ze koken tot het zaadpluis gemakkelijk van den bodem loslaat. Dan koelt men de artisjokken af, verwijdert het harde zaadpluis met de kleine bladeren in het midden, spoelt de artisjokken op nieuw af en kookt ze met wat zout in kokend water gaar, wat met het eerste koken medegerekend een paar uur zal vorderen. Na ze op een schoonen doek te hebben laten afdruipen dient men ze met een zure eiersaus overgoten op een ondiepen schotel op. [80]

R. 215. **Brandnetels**. Uit de jonge spruiten van de brandnetel bereidt men een voortreffelijke groente op de volgende wijze:

Met handschoenen gewapend knipt men de jonge brandnetels tot dicht bij den wortel af, legt ze in zuiver water en roert ze met een pollepel zoolang om, totdat ze van het zand en andere onreinheden gezuiverd zijn. Vervolgens doet men ze in kokend water en laat ze gaar koken. Dan is het mierenzuur vervluchtigd, dat in de haren van de brandnetel aanwezig is en het bekende branden van de huid veroorzaakt. Nadat ze gaar is, wordt er mee gehandeld als met de andijvie (R. 210).

R. 216. **Brusselsch lof I (Witlof I)**. Nadat men het lof zorgvuldig schoon gemaakt heeft, snijdt men het als de andijvie en handelt verder geheel overeenkomstig R. 210.

R. 217. **Brusselsch lof II (Witlof II). Gestoofde bosjes Brusselsch lof (witlof)**. Men handelt met gestoofde bosjes Brusselsch lof, als is voorgeschreven voor gestoofde stoelen andijvie (R. 211.)

R. 218. **Brusselsch lof III (Witlof III) (in den oven gestoofd)**. Maak Brusselsch lof zorgvuldig schoon, leg het in een braadslee en bestrooi het met beschuit, besproei het gerecht met bruine boter of champignonsaus, bestrooi het op nieuw met beschuit, plaats hier en daar een kluitje boter. Men zet de slee in een goed verwarmden oven en laat het gerecht lichtbruin bakken. Mocht het dan nog niet gaar zijn, dan dekt men het met een deksel dicht, omdat het niet te bruin mag worden.

R. 219. **Cichoreilof I. (Hollandsch lof I.)** Nadat het lof is schoongemaakt, snijdt men het af als andijvie en handelt verder als in R. 210 is voorgeschreven. [81]

R. 220. **Cichoreilof II. (Hollandsch lof II). Gestoofde bosjes cichoreilof. (Hollandsch lof.)** Men handelt met gestoofde bosjes cichoreilof als is voorgeschreven bij gestoofde stoelen andijvie (R. 211).

R. 221. **Lamsooren**. Deze naar den vorm van het blad genoemde groente wordt verkregen van de schorren tijdens de eb. Aan de zeekust in Zeeland en wellicht ook elders aan de zeekust wordt deze groente in het voorjaar vrij veel gebruikt.

Na ze zorgvuldig te hebben uitgezocht en ze herhaaldelijk te hebben gewasschen, totdat ze geen zand meer bevat, zet men ze met weinig water op een zacht brandend vuur. Men roert er telkens in, om het aanzetten te voorkomen. Is de groente gaar, dan laat men ze op een vergiet uitlekken en stooft ze met boter, wat fijngestampte beschuit en een weinig citroensap. Zout wordt er niet aan toegevoegd, omdat de groente van zich zelf zout smaakt.

R. 222. **Melde**. Men onderscheidt gele en roode melde. De gele wordt het meest gebruikt. Ze gelijkt in smaak op spinazie en wordt op dezelfde wijze toebereid als andijvie (R. 210).

R. 223. **Molsla (gestoofde)**. Men handelt met gestoofde molsla zoo als voor de andijvie in R. 210 is voorgeschreven.

R. 224. **Patientie (Engelsche spinazie)**. Men handelt met patientie als met de andijvie volgens R. 210.

R. 225. **Postelein**. Van deze groente gebruikt men bladen en stelen. Na ze van onkruid gezuiverd en goed gewasschen te hebben, laat men ze op een vergiet uitlekken. Daarna zet men ze op een zacht vuur. Is de postelein wat gesmolten, dan zet men het vuur wat aan om ze vlug [82]gaar te doen worden. Men kan fijngestampte beschuit er in doen om het nat op te nemen, anders laat men de postelein uitlekken, bindt het nat met in boter lichtgeel gefruite bloem en laat ze in deze saus nog enkele minuten stoven.

R. 226. **Raapstelen**. Ook van deze groente gebruikt men bladen en stelen. Als men de worteltjes heeft afgesneden en de groente goed gewasschen, snijdt men de stelen in kleine stukjes en verwijdert de groote, stugge blaadjes. Verder handelt men als in R. 210 voor andijvie is voorgeschreven. Jonge raapstelen zijn in drie kwartier gaar. Oude kunnen wel 1½ uur noodig hebben.

R. 227. **Raapstelen met aardappelen**. Raapstelen worden, na schoongemaakt en verder behandeld te zijn als in R. 226 is voorgeschreven, van het vuur genomen als ze gaar zijn. Men zet ze op een vergiet en zet geschilde aardappelen op in het nat der raapstelen. Zijn de aardappelen gaar, dan worden ze met de raapstelen dooreengestampt onder toevoeging van boter en van wat zout.

R. 228. **Sla (gestoofde) I**. Men handelt met de sla als in R. 210 voor de andijvie is voorgeschreven.

R. 229. **Sla (gestoofde) II. Gestoofde kropjes sla**. Men handelt met de gestoofde kropjes sla, juist als is voorgeschreven bij gestoofde stoelen andijvie (R. 211) behalve dat men de kropjes niet behoeft dicht te binden.

R. 230. **Sla (gestoofde) III. Gevulde kropjes sla**. Mooie kroppen sla worden zorgvuldig gewasschen en verder behandeld als in R. 211 voor stoelen andijvie is voorgeschreven. Als ze half gaar is, laat men ze op een vergiet uitlekken, neemt een ragoût van champignons (zie R. 76) of van [83]eieren (zie R. 78) of een linzendeeg (zie R. 91), maakt de kropjes voorzichtig stuk voor stuk open en vult ze met het verlangde vulsel. Men rangschikt de kropjes in een vuurvasten schotel, strooit er fijngestampte beschuit over, plaatst hier en daar een kluitje boter en laat het gerecht in een matig verhitten oven, totdat zich een lichtbruine korst heeft gevormd.

R. 231. **Snijbiet**. Men rist de groote bladen af en wascht ze daarna herhaaldelijk, zet ze op met het water, dat er aan blijft hangen en handelt verder als in R. 210 voor andijvie is voorgeschreven.

R. 232. **Spinazie**. Nadat men de spinazie goed heeft schoongemaakt en herhaaldelijk gewasschen, laat men ze even als de postelein uitlekken op een vergiet, voordat men ze opzet. Men handelt verder als in R. 204 voor de postelein is voorgeschreven. Onder het koken dient de spinazie van tijd tot tijd te worden omgeschud om het aanzetten te voorkomen. Gemeenlijk wordt de spinazie bij het opdienen gegarneerd met vierdepartjes van een hard gekookt ei of met dobbelsteentjes gefruit wittebrood.

R. 233. **Zeekraal**. Deze groente, die evenals *lamsooren* op de schorren groeit, maar iets later dan deze te voorschijn komt, wordt bereid als in R. 221 voor lamsooren wordt voorgeschreven, behalve dat men in den regel er geen citroensap bij gebruikt.

R. 234. **Zuring**. Nadat men de groote bladen heeft afgerist, wascht men de zuring herhaaldelijk, laat ze daarna op een vergiet uitlekken. De zuring moet op een zeer zacht vuur of liever ter zijde van het vuur op het fornuis zeer langzaam smelten. Men roert er van tijd tot tijd in, om het aanzetten te voorkomen. Men zoet de zuring met suiker of met stroop naar smaak. [84]

R. 235. **Zuring met krenten, rozijnen of pruimedanten**. Men behandelt de zuring als in R. 234 is voorgeschreven, maar voegt, als de zuring nagenoeg gesmolten is, er krenten of rozijnen of pruimedanten aan toe.

C. Koolsoorten.

R. 236. **Bloemkool I**. Men neemt alleen die koolen, waarvan de bloemen aan elkaar sluiten, snijdt het houterige deel van den stronk af en verdeelt de kool in stukken van middelmatige grootte. Daarna ziet men de stukken goed na, of er niets moet weggesneden worden, wascht ze in zacht water, zet ze met weinig water en een beetje zout op een zacht vuur.

Als de bloemkool nog niet geheel gaar is, giet men voorzichtig het nat er af, dat men bindt met in boter lichtgeel gefruite bloem, waarmede men de kool laat gaar stoven.

Wil men ze opdienen met een melksaus (R. 156), dan bindt men het nat niet, maar bewaart het voor een soep.

R. 237. **Bloemkool II. (Bloemkool in den schotel gestoofd.)** Nadat de bloemkool behandeld is als in R. 236, schikt men de stukken in een vuurvasten schotel, waarna men ze nog 20 of 30 minuten in den oven laat stoven met een saus bereid volgens R. 130, waardoor men geraspte zoetemelksche- of Parmesaansche kaas roert of met een bruine botersaus volgens R. 123 met het koolnat bereid. Men bestrooit den schotel met fijngestampte beschuit en legt hier en daar een kluitje boter.

R. 238. **Boerenkool (Boerenmoes)**. Men handelt met boerenkool als met andijvie volgens R. 210. [85]

R. 239. **Boerenkool met aardappelen**. Men handelt met boerenkool met aardappelen als in R. 213 is voorgeschreven voor andijvie met aardappelen.

R. 240. **Brusselsche spruitjes**. Nadat de stronkjes zijn afgesneden en de spruitjes bij herhaling zijn gewasschen, worden ze met zeer weinig water en desverkiezende met een beetje zout opgezet. Snel moeten ze bij herhaling worden omgeschud om het aanbranden te voorkomen, maar er mag niet in worden geroerd. Voordat ze gaar zijn, stort men ze voorzichtig op een vergiet, bindt het nat met in boter lichtgeel gefruite bloem.

Daarna doet men de spruitjes met de saus voorzichtig in een vuurvasten schotel, strooit er fijne beschuitkruimels over en laat ze dan nog minstens een uur in den oven stoven.

R. 241. **Brusselsche spruitjes met kastanjes**. Brusselsche spruitjes worden als in R. 240 is voorgeschreven, schoongemaakt, gewasschen, opgezet en van tijd tot tijd omgeschud. Nadat de kastanjes goed gewasschen en gekruist zijn, laat men ze een minuut of vijf in kokend water broeien. Daarna worden ze gedopt en gepeld en doet men ze weer in kokend water. Voordat de spruitjes gaar zijn, doet men ze op een vergiet. Zijn de kastanjes gaar, dan doet men deze ook op een vergiet, bindt het nat der spruitjes en der kastanjes met in boter lichtgeel gefruite bloem, vermengt beide gerechten tot een en laat het dan in de saus met nog wat boter bovendien en wat fijne beschuitkruimels bovenop in een vuurvasten schotel in den oven nog minstens een half uur stoven.

R. 242. **Roode kool**. Na de buitenste bladeren en den stronk verwijderd te hebben, deelt men gewoonlijk de kool [86]doormidden en schaaft hem op de koolschaaf. Intusschen geven personen met fijnen smaak er de voorkeur aan, dat de kool zoo weinig mogelijk met metaal in aanraking komt, waarom men dan de kool in vieren snijdt. Men zet de kool met zeer weinig water op een zacht vuur. Als ze half gaar is, laat men ze op een vergiet uitlekken, bindt het nat met in boter lichtgeel gefruite bloem, waarbij men desverkiezende citroensap (nooit azijn!) voegt. In deze saus laat men de kool gaar stoven.

R. 243. **Roode kool met aardappelen**. Nadat met roode kool is gehandeld als in R. 242 is voorgeschreven totdat de kool op een vergiet ligt, doet men geschilde aardappelen in het koolnat en handelt verder als in R. 213 voor andijvie met aardappelen is voorgeschreven.

R. 244. **Roode kool met zure appelen**. Men handelt met de kool zooals in R. 242 is voorgeschreven, totdat ze half gaar is; dan voegt men er aan toe de geboorde en in schijfjes gesneden zure appelen (één kilo op een middelmatige kool). Men laat alles te zamen met een kluitje boter stoven, totdat de kool gaar en malsch is. Men kan er desverkiezende nog wat zout of nog wat citroensap bijvoegen.

R. 245. **Savoyekool**. Nadat de buitenste blaren verwijderd zijn en de kool tot in het hart goed is nagezien of er geen insecten of wormen in zijn, wordt ze meestal op de koolschaaf geschaafd. Intusschen kan men ze om ze minder met metaal in aanraking te brengen, in vieren snijden. Daarna zet men ze met weinig water en een beetje zout op een zacht vuur. Is de kool bijna gaar, dan laat men ze op een vergiet uitlekken, bindt het nat met in boter lichtgeel gefruite bloem en laat ze in deze saus nog een geruimen tijd stoven. [87]

R. 246. **Savoyekool (groene) I**. Men handelt met groene savoyekool als in R. 245 is voorgeschreven.

R. 247. **Savoyekool (groene) II. (Gestoofde groene savoyekooltjes)**. Nadat de kooltjes goed gewasschen zijn en tot in het hart goed nagezien, worden ze met weinig water en een beetje zout op een zacht vuur gezet. Als de kool half gaar is, laat men ze op een vergiet uitlekken en handelt vervolgens als in R. 211 voor gestoofde stoelen andijvie is voorgeschreven.

R. 248. **Savoyekool (groene) III. (Gevulde groene savoyekooltjes)**. Na van groene savoyekooltjes de buitenste bladen te hebben verwijderd en ze tot in het hart goed te hebben nagezien of er geen insecten of wormen in zijn, kookt men ze half gaar. Men laat ze op een vergiet uitlekken, neemt er blad voor blad af, totdat men aan het hart komt, dat men vult met het deeg, beschreven in R. 91. Vervolgens bestrijkt men de afgenomen koolbladeren een voor een met hetzelfde deeg en brengt ze dan op hun oude plaats. Dan wikkelt men de kool in een doek, dien men te voren met boter heeft bestreken en laat ze nog een uur stoven.

R. 249. **Savoyekool met aardappelen**. Nadat de kool is behandeld als in R. 245 is voorgeschreven, totdat ze op een vergiet ligt, doet men geschilde aardappelen in het koolnat en handelt vervolgens als bij andijvie met aardappelen. (Zie R. 213).

R. 250. **Wittekool**. Men bereidt wittekool evenals savoyekool. (Zie R. 245).

R. 251. **Wittekool met aardappelen**. Bij wittekool met aardappelen handelt men als in R. 249 is voorgeschreven voor savoyekool met aardappelen. [88]

D. Jonge peulvruchten.

R. 252. **Capucijners (jonge)**. Nadat de capucijners gedopt en gewasschen zijn, zet men ze op met weinig water. Onder het koken schudt men ze nu en dan om het aanbranden te voorkomen. Als ze bijna gaar zijn (na omtrent een half uur kokens), moet het water bijna verkookt zijn. Dan voegt men er wat boter bij, hutselt ze om en laat ze nog enkele minuten stoven, totdat ze gaar en malsch zijn.

R. 253. **Doperwten**. Men behandelt de doperwten als de capucijners, (Zie R. 252), maar gewoonlijk voegt men bij de boter fijngehakte peterselie. De peterselie kan men ook afzonderlijk presenteeren.

R. 254. **Doperwtjes met worteltjes**. Doperwtjes en jonge worteltjes, (Zie R. 253 en R. 201), elk afzonderlijk gekookt, worden in gelijke deelen door elkaar gehutseld en daarna met wat boter nog 20 minuten op een zacht vuur gezet. Vóór het opdienen menge men voorzichtig er wat fijngehakte peterselie door.

R. 255. **Heeren- (Princessen-, Sla- of Sperge-) boonen**. Na het afhalen der boonen, breekt men ze door en verwijdert zorgvuldig alle draden, wascht ze vervolgens en zet ze op een zacht vuur. Men zet deze boontjes met wat meer water op dan capucijners en doperwten, omdat ze drie kwartier moeten koken om gaar te worden. Dan moet ook het water verkookt zijn. Men voegt er dan boter aan toe, hutselt ze om en laat ze nog 15 minuten stoven.

R. 256. **Peultjes**. Bij de bereiding van peultjes volgt men de bereidingswijze in R. 255 voorgeschreven, behalve dat men de peultjes niet doorbreekt en met minder water opzet. [89]

R. 257. **Snijboonen**. Na het afhalen en wasschen worden de snijboonen met een daarvoor bestemd mesje of met een snijboonenmolen gesneden. Overigens handelt men als voor heerenboonen in R. 255 is voorgeschreven, maar zet ze op met minder water en schudt ze ook van tijd tot tijd om onder het koken.

R. 258. **Snijboonen met witte boonen**. Snijboonen, bereid volgens R. 257 of gedroogde snijboonen, bereid volgens R. 260, worden dooreengemengd met witte boonen, bereid volgens R. 324. Als men er wat boter aan heeft toegevoegd, laat men ze nog 20 minuten stoven.

R. 259. **Tuinboonen**. Men dopt de tuinboonen, wascht ze en zet ze met heel weinig zout in kokend water op. Als ze gaar zijn, laat men ze op een vergiet uitdruipen. Het nat der boonen bindt men met in boter gefruite bloem en laat in deze saus de boonen nog een minuut of tien stoven. Middelerwijl hakt men keule (boonenkruid) en desverkiezende ook peterselie en roert die door de boonen.

Men kan ook de tuinboonen, als ze nagenoeg gaar zijn, laten stoven in een melksausje volgens R. 156.

E. Gedroogde en ingezouten jonge plantendeelen.

Ingezouten groenten zullen bij een vegetarischen leefregel nooit gebruikt worden. Immers het zout kan alleen in de groente komen, doordat een belangrijk voedend deel der groente in de pekel komt, dat dan met de pekel wordt weggeworpen. Bij het in de week zetten der groente gaat met een deel van het zout ook al weer een deel van de voedzame bestanddeelen der groente verloren. De schadelijke werking van het zout, dat nog [90]in groote hoeveelheid na de bereiding in de groente aanwezig is, blijft daarentegen bestaan.

R. 260. **Gedroogde groenten**. Gedroogde groente moet op de volgende wijze worden bereid. Men wascht de groente zorgvuldig met koud water en zet ze daarna met kokend water op, *zonder* ze vooraf te weeken.

Als ze gaar zijn, handele men als bij de versche groenten is voorgeschreven.

Alleen gedroogde groene erwtjes en tuinboontjes dienen den avond te voren gewasschen en den nacht over in zacht water geweekt te worden.

F. Gestoofde vruchten en compotes.

Men houde in het oog, dat versche vruchten beter zijn dan gekookte. Toch kan het voorkomen, dat het de voorkeur verdient om van versche vruchten compote te maken, bijv. indien men overvloed heeft en men ze gestoofd tot later wil bewaren of indien men een pudding of een andere meelspijs opdient, waarbij compote beter smaakt dan vruchten.

Over het algemeen is het smakelijker en voor de spijsvertering meer bevorderlijk gedroogde vruchten, die er voor in aanmerking kunnen komen, niet te koken, maar ze geweekt te eten.

De duur voor het weeken is nog al verschillend. De betere soorten van vijgen moet men niet te lang (bijv. den nacht over) laten staan, enkele dadelsoorten op zijn minst 24 uren.

Door dadels, vijgen, rozijnen, gedroogde pruimen enz. te laten weeken, brengt men ze meer tot hun natuurlijken staat terug; de celwanden laten zich gemakkelijker door de tanden verscheuren en de suiker lost weer op. Het weekwater wordt dan tegelijk met de vruchten genuttigd. Natuurlijk moeten *alle* gedroogde vruchten, voordat ze in het water te weeken worden gezet, zoolang gewasschen worden, totdat het waschwater, dat telkens vernieuwd wordt, volkomen helder blijft. [91]

R. 261. **Aalbessen (zwarte)**. Men verkrijgt een zeer smakelijke compote door zwarte aalbessen met rozijnen zonder pitten te zamen te koken. Na de bessen en rozijnen goed gewasschen te hebben, zet men ze op een zacht vuur alleen met het water, dat na het wasschen aan de vruchten blijft hangen. Als de bessen zacht zijn, roert men ze goed met de rozijnen om, neemt ze van het vuur en laat ze in een aarden of porceleinen kom of schotel afkoelen.

R. 262. **Aardbeiencompote**. Men wascht de geplukte aardbeien vlug met koud water, doet ze dan in een suikeroplossing van 300 gram suiker op ½ L. water. Men verhit het vocht tot bij het kookpunt, neemt dan de vruchten er uit met een schuimspaan en legt ze in een compoteschaal. Men neemt van het vocht zooveel men noodig acht, dat men desverkiezende kan binden met maizena en het naar smaak vermengen met een weinig citroensap. Als het genoeg is afgekoeld, spreidt men het over de aardbeien.

R. 263. **Aardbeien met geslagen room of met vanillevla**. Handel met aardbeien als in R. 262 is voorgeschreven. Men bindt een deel van het vocht tamelijk dik met maizena en nadat dit genoegzaam is afgekoeld, spreidt men het over de vruchten, die men na genoegzame afkoeling op een glazen schotel heeft gelegd. Vervolgens spreidt men een laag geslagen room over de vruchten, dien men naar smaak heeft verzoet door er poedersuiker door te kloppen.

N.B. De geslagen room kan men vervangen door de vanillevla volgens R. 169.

R. 264. **Abrikozen (gestoofde). Abrikozencompote**. Men dompelt versche abrikozen even in kokend water, ontdoet ze van de schil, halveert en ontkernt ze, zet ze in heel weinig [92]water op een zacht brandend vuur tot ze week zijn. Men legt dan de vruchten op een vergiet, en laat het uitgedropen nat met bruine suiker koken tot het een behoorlijke dikte heeft om als saus over de vruchten te doen. Men rekent 300 gram suiker op een ½ liter vocht. Wenscht men abrikozen of dergelijke gestoofde vruchten als koude compote te gebruiken, dan laat men ze het best in steenen kommen koud worden.

R. 265. **Abrikozen (gedroogde)**. Eenige uren vóór de toebereiding zet men de gedroogde abrikozen, na ze goed gewasschen te hebben, te weeken. Men zet ze in het weekwater op, laat ze zachtjes stoven, totdat ze gaar zijn, waartoe weinig tijd noodig is. Suiker naar smaak.

R. 266. **Abrikozen met geslagen room of met vanillevla**. Handel met versche abrikozen als in R. 264 en met gedroogde als in R. 265 is voorgeschreven. Giet het nat van de vruchten af, bindt het tamelijk dik met maizena en handel verder als in R. 263 voor aardbeien wordt voorgeschreven.

R. 267. **Appelen, (zoete, zure)**. Na de appelen gewasschen en geschild te hebben, snijdt men de *zure* in helften, de *zoete* in vierdeparten, verwijdert de klokhuizen en legt ze desgewenscht onder toevoeging van suiker in een breede pan, zoo mogelijk naast elkander, laat ze met zeer weinig water gaar stoven. Indien men zoete en zure tegelijk wil stoven, moeten de zure pas bij de zoete worden gevoegd als deze nagenoeg gaar zijn. De zoete moeten van tijd tot tijd geschud worden.

R. 268. **Appelen (blanke)**. Men neme goede zure, niet te harde appelen en make ¼ liter water met citroensap (half om half) waarin een paar schijfjes citroen, aan de kook, snijde de appelen (4 groote of 6 kleine), na ze goed [93]afgewasschen en dun geschild te hebben, in achten en legge de stukjes in 't kokende vocht. Naar gelang van de zachtheid en de soort van appelen zijn ze in 3 tot 10 minuten gaar, d. i. zacht; maar nog *heel* en wit van kleur. Daarna neemt men de pan van 't vuur, doet suiker bij de appelen en dient ze vervolgens in een schaal op.

R. 269. **Appelen (gedroogde zure of zoete)**. Nadat de gedroogde appelen goed zijn gewasschen met lauw water, worden ze den nacht over in zacht water te weeken gezet, zoo dat het water een paar vingers boven de vruchten staat. Den volgenden dag worden ze in het weekwater op een zacht vuur te stoven gezet, totdat zij week zijn. Van tijd tot tijd schudt men ze. Men voegt er suiker en een weinig citroensap naar smaak bij. Een kluitje boter verhoogt en verzacht den smaak.

N.B. Gedroogde appelen mogen geen blanke kleur hebben, want dat is een teeken, dat zij gezwaveld zijn.

R. 270. **Appelen en Peren**. Indien men met zoete en zure appelen te gelijk peren wil stoven, dan worden de peren (R. 282) het vroegst opgezet en de zure appelen (R. 267) er het laatst bijgedaan.

R. 271. **Appelen met aardappelen**. Men neemt van beide gelijke hoeveelheden, zet eerst de geschilde aardappelen op met weinig water en wat zout, schilt terwijl de appelen, snijdt ze in vierdeparten, verwijdert de klokhuizen en doet ze dan bij de aardappelen. Tegen dat de aardappelen gaar zijn, voegt men er boter naar smaak aan toe.

R. 272. **Appelmoes**. Moesappelen worden goed gewasschen in lauw water, de appelen in vierdeparten gedeeld, de stelen, klokhuizen en bloesem en de vlekken op de [94]schillen weggesneden en daarna met zooveel water opgezet, dat het nat halverwege met de appelen gelijk staat. Telkens omroeren om het aanbranden te voorkomen. Als de appelen week zijn, zijgt men ze door een zeef. Het vuur mag niet te sterk zijn. Men roert er een kluitje boter door en desgewenscht wat geraspt geel van een citroen. Suiker naar smaak.

R. 273. **Appelmoes van gedroogde appelen**. Nadat de gedroogde moesappelen goed zijn gewasschen met lauw water, worden zij den nacht over in zacht water gezet, zoo dat het water een paar vingers boven de vruchten staat. Den volgenden dag worden ze in het weekwater op een zacht vuur te stoven gezet en van tijd tot tijd geschud. Als ze gaar zijn, worden ze fijngewreven. Een weinig citroensap, suiker naar smaak, en een kluitje boter verhoogt en verzacht den smaak.

N.B. Men zij indachtig, dat gedroogde appelen geen mooie blanke kleur mogen hebben. Die blankheid kan alleen voorkomen bij *gezwavelde* vruchten.

R. 274. **Aubergines (in den schotel gestoofd.)** Na de aubergines overlangs te hebben doorgesneden maakt men insnijdingen in het vleesch, waarin men een weinig zout doet, men laat ze een geruimen tijd pekelen, waarna men het zout verwijdert en men met een schoonen doek het vocht wegvaagt dat te voorschijn komt als men de aubergines stuk voor stuk drukt. Met een mesje neemt men het zaad weg en rangschikt vervolgens de aubergines in een vuurvasten schotel. Dan besproeit men ze met een weinig olie. Vervolgens bereidt men op de volgende wijze een deeg: Men breekt wat vermicelli fijn, kookt ze en giet ze af. Daarna kneedt men ze met broodkruim, boter, eierdooiers en geraspte Parmesaansche [95]kaas. Met dit deeg, dat men naar smaak lichtelijk kan kruiden, overdekt men de aubergines. Na den schotel met fijngestampte beschuit te hebben bestrooid plaatst men hier en daar een kluitje boter en laat het gerecht in een matig verwarmden oven langzaam gaar worden.

R. 275. **Aubergines (gevulde)**. Na de aubergines in de lengte te hebben doorgesneden, maakt men met de punt van een mesje het vleesch van de schil los. Men dompelt de helften in heet plantenvet en neemt ze er na enkele minuten uit. Dan legt men ze op een doek met de blanke helften naar beneden om uit te druipen. Men schept het vleesch er uit en vult de ledige vormen met een vulsel, dat men op de volgende wijze bereidt.

Men hakt 3 of 4 sjalotten heel fijn en fruit ze in boter met wat fijngehakte peterselie en champignons. Hieraan voegt men toe het fijngehakte vleesch der aubergines en kruim van versch brood. Na aan dit mengsel zout naar smaak te hebben toegevoegd, overgiet men het met een passende saus en laat het inkoken totdat het een stevig deeg vormt. Na door het deeg 2 of 3 eierdooiers te hebben gekneed, vult men er de auberginesschalen mede. De gevulde aubergines rangschikt men in een met boter besmeerden vuurvasten schotel en bestrooit ze met fijngestampte beschuit. Na het gerecht met gesmolten boter te hebben besproeid, zet men het nog een uur in een matig verhitten oven. Men dient het gerecht op met een tomatensaus (Zie R. 133).

R. 276. **Bananen (in den schotel gestoofd.)** Men ontdoet rijpe bananen van de schil, rangschikt ze in een vuurvasten schotel, bestrooit ze met fijngestampte beschuit. Men legt zooveel lagen op elkaar als men verkiest, lost donker bruine suiker in water op en giet dat op de bananen. Dan bestrooit men den schotel weer met fijngestampte [96]beschuit, plaatst hier en daar een klein kluitje boter en laat het gerecht dan in een matig warmen oven lichtbruin bakken.

R. 277. **Boschbessencompote**. Goed gereinigde en gewasschen boschbessen laat men in een kleine hoeveelheid kokend water even doorkoken, voegt er bruine suiker naar smaak aan toe en laat het daarna in een steenen schotel koud worden. Blijkt de compote te dun, dan kan men het nat van de vruchten afgieten, het inkoken of desnoods wat binden en als het een behoorlijke dikte heeft, weer over de vruchten gieten. Men gebruikt deze compote bij brood, rijst, griesmeel, havermout enz.

R. 278. **Dadels**. Men wascht de dadels herhaaldelijk, totdat het waschwater helder blijft. Men zet ze met de noodige hoeveelheid water op een zacht vuur. Ze zijn spoedig gaar.

R. 279. **Komkommers (gestoofde)**. Na de komkommers geschild en ze van het zaad bevrijd te hebben, snijdt men ze in lange reepen en zet ze op met kokend water en een weinig zout in een ondiepe pan. Men laat wat boter bruin braden, vermengt de gebraden boter met het heete nat der komkommers en doet dat mengsel onder gestadig roeren lepelsgewijze bij eenige eierdooiers, die men met heel weinig bloem en met citroensap heeft fijngeklutst. Als de saus klaar is, giet men ze over de komkommers, die men dan nog eenige minuten op een zacht vuur laat stoven. Men kan ze bij rijst presenteeren.

R. 280. **Komkommers (gevulde.)** Mooie gele of groene, liefst korte, dikke komkommers worden geschild, in de lengte doorgesneden en van het zaad ontdaan. Na de beide helften met een linzen- of champignonragoût te hebben gevuld, legt [97]men beide helften weer op elkaar, rangschikt ze in een vuurvasten schotel op een bed van fijngestampte beschuit, doet er wat ragoût over, na die tot saus verdund te hebben en bestrooit het gerecht met fijngestampte beschuit. Men plaatst hier en daar een kluitje boter er op en zet het in een goed verhitten oven. Als het lichtbruin is, kan men het uit den oven nemen. Men dient het tegelijk op met rijst, bereid volgens R. 330–332.

R. 281. **Kweeperen**. Men wascht de kweeperen herhaaldelijk, schilt ze en deelt ze in vierdeparten, snijdt de klokhuizen er uit en laat ze gaar stoven. Suiker naar smaak. Kweeperen behooren tot die soorten, die den langsten tijd noodig hebben om gaar te worden. (Vergelijk R. 282).

R. 282. **Peren**. Men behandelt peren als appelen (R. 267), maar ze hebben veel langer tijd noodig om gaar te stoven, minstens drie uren; sommige soorten nog geruimen tijd langer; dus hebben zij ook meer water noodig.

R. 283. **Peren (gedroogde)**. Men bereidt gedroogde peren volgens R. 269 als gedroogde appelen.

R. 284. **Peren met aardappelen**. Men neemt van elk gelijke hoeveelheden, schilt de peren, snijdt ze in vierdeparten, verwijdert de klokhuizen en zet ze op een zacht vuur. Als de peren 2 à 3 uur hebben gekookt, neemt men ze uit de pan, doet er de geschilde aardappelen in en de peren er bovenop. Tegen dat de aardappelen gaar zijn, voegt men er boter naar smaak aan toe.

R. 285. **Peren met Heeren-, Princessen-, Sla-, Spergeboonen**. Men schilt de peren kurketrekkersgewijze, wascht ze en kookt ze 2 of 3 uur. Daarna laat men ze op een vergiet uitlekken, stort de boontjes, die eerst goed afgehaald, [98]door midden gebroken, gewasschen en half gaar gekookt zijn in het nat der peren. De peren stort men vervolgens op de boontjes en laat dan alles nog te zamen 1 of 2 uur zachtjes koken.

R. 286. **Perziken (gestoofde). Perzikencompote**. Men wascht de perziken, dompelt ze even in kokend water en ontdoet ze met een vruchtenmesje van de schil en van de pit. Laat de perziken daarna even doorkoken in weinig water met bruine suiker naar smaak verzoet. Men laat de perziken koud worden in steenen kommen.

Bij perziken, die nog niet tot volle rijpheid zijn gekomen, is het vooral aan te bevelen ze even in kokend water te dompelen; de schil laat dan gemakkelijk los.

R. 287. **Perziken (gedroogde)**. Men volgt bij de bereiding van gedroogde perziken het recept voor gedroogde abrikozen (R. 265).

R. 288. **Perziken met geslagen room (of met vanillesaus)**. Handel met versche perziken als in R. 264 voor versche abrikozen en met gedroogde perziken als in R. 265 voor gedroogde abrikozen is voorgeschreven. Giet het nat van de vruchten af, bind het tamelijk dik met maizena en handel verder met de perziken als in R. 263 voor aardbeien met geslagen room wordt voorgeschreven.

R. 289. **Pompoenen**. Van een pompoen neemt men een stuk, zoo groot als men denkt noodig te hebben. Men schilt dat gedeelte en haalt er het zaad uit; daarna snijdt men het in kleine stukken, die men in weinig water op een zacht vuur gaar stooft, waartoe maar korten tijd noodig is. Men vormt een stoofsaus (R. 130) met het nat van de gestoofde pompoen en met citroensap, daarna kan men het gerecht opdienen of naar verkiezing de [99]pompoen met de saus eerst nog eenige minuten op een zacht vuur laten stoven. Men kan dit gerecht bij rijst presenteeren.

R. 290. **Pruimen (gestoofde). Pruimencompote.** Men ontdoet de pruimen (gele, blauwe en groene) niet van de schil en alleen de blauwe worden gehalveerd en ontkernd, maar voordat ze met weinig water op een zacht brandend vuur worden gezet, bevrijdt men ze van de stelen en worden ze met lauw water goed gewasschen. Als de pruimen week zijn, kookt men het nat er van met suiker in tot het een behoorlijke dikte heeft om het als saus over de vruchten te doen. Men rekent 300 gram suiker op een halven liter vocht.

R. 291. **Pruimen (gedroogde)**. Men handelt met gedroogde pruimen als in R. 265 voor gedroogde abrikozen is voorgeschreven.

R. 292. **Pruimen met geslagen room (of met vanillesaus)**. Handel met versche pruimen als in R. 290 voor versche en met gedroogde als in R. 265 voor gedroogde abrikozen is voorgeschreven. Giet het nat van de vruchten af, bind het tamelijk dik met maizena en handel verder met de pruimen als in R. 263 voor aardbeien met geslagen room wordt voorgeschreven.

R. 293. **Pruimedanten**. De bereidingswijze van gedroogde pruimedanten is als die van gedroogde abrikozen. (Zie R. 265).

R. 294. **Rozebottels**. Versche of gedroogde rozebottels zoekt men uit, wascht ze en zet ze met weinig water op een zacht vuur; tegen dat ze gaar zijn, doet men er goed gewasschen rozijnen bij naar smaak en laat beide te zamen stoven, totdat de bottels goed gaar zijn. Men eet ze koud. In geval de compote niet zoet genoeg mocht zijn, voegt men er suiker naar smaak aan toe. [100]

R. 295. **Sina'sappels met geslagen room**. Men ontdoet de sina'sappels van schil en pitten en snijdt ze aan schijfjes. Men plaatst een laag kleine beschuitjes in een glazen schotel, bedekt die met een laag schijfjes sina'sappel, die men rijkelijk met witte suiker bestrooit. Men laat de lagen beurtelings volgen, totdat men meent genoeg te hebben en bedekt dan het gerecht met een dikke laag geslagen room, waardoor men poedersuiker heeft geklopt.

R. 296. **Tamarindemoes**. Men zet eenige tamarindekoekjes, na ze goed te hebben afgewasschen, met ruim water op een zacht brandend vuur en laat ze koken totdat zij zacht zijn. Dan wrijft men de tamarinde door een zeef, voegt er Javaansche suiker bij en laat ze doorkoken tot de suiker geheel is opgelost. Is ze zoet genoeg, dan bindt men ze met maizena tot de gewenschte dikte.

Men dient ze op met rijst, bereid volgens R. 330–332.

R. 297. **Tamarindemoes met geslagen room**. Tamarindemoes bereid volgens R. 296 kan men met maizena tot puddingdikte maken, dan laten bekoelen, in een glazen schaal storten en met een laag geslagen room er over opdienen.

R. 298. **Tomaten I**. Deze groote beziën, vinden van jaar tot jaar meer en meer aftrek.

Men wascht groote, rijpe tomaten, doet ze in kokend water, laat ze daarin even opkoken, ontdoet ze vervolgens van de huid. Men smelt wat boter in de pan, laat ze daar 10 of 20 minuten in stoven. Men strooit er een weinig fijn zout over heen.

R. 299. **Tomaten II. (Tomaten in den schotel gestoofd)**. Men legt mooie rijpe tomaten, na er de steeltjes te hebben afgeplukt en ze goed gewasschen te hebben, een paar minuten [101]in kokend water om ze gemakkelijk van de schil te kunnen ontdoen. Men haalt ze er vlug uit, ontdoet ze van de schil, plaatst ze in een vuurvasten schotel, strooit er een weinig zout over en vrij wat gestampte beschuit om het vocht op te nemen bij het gaar worden. Men besproeit de beschuit met gebakken boter, die men eerst heeft laten afkoelen en waardoor men wat soja heeft geroerd. Men plaatst den schotel in een matig verhitten oven, waarin de tomaten blijven, totdat zij mooi bruin zien. Men dient ze met geroosterd brood op bij panpuree van aardappelen (zie R. 422 en 423) of bij rijstschotels (zie R. 130–132).

R. 300. **Tomaten III. (Gevulde tomaten)**. Na groote rijpe tomaten van de steeltjes te hebben ontdaan en goed te hebben gewasschen, laat men ze een paar minuten in kokend water liggen om er gemakkelijk de schil van af te halen. Als de schil van de tomaten verwijderd is, snijdt men er dekseltjes af en holt de tomaten een weinig uit. Men vult ze vervolgens met een champignonragoût (R. 76) of met een eierragoût (R. 78) of met schijngehakt (R. 91). Daarna legt men de dekseltjes weer op de tomaten, rangschikt ze in een vuurvasten schotel, bestrooit ze met een weinig zout en tamelijk veel gestampte beschuit, die men besproeit met afgekoelde bruin gebakken boter, waardoor men een weinig soja heeft geroerd. Terwijl men ze in een matig verhitten oven mooi bruin laat bakken, bereidt men van het uitgeholde vleesch der tomaten een saus volgens R. 133, die men bij het opdienen van het gerecht er bij presenteert.

R. 301. **Vijgen**. Nadat men de vijgen des avonds goed gewasschen heeft, zet men ze te weeken. Den volgenden dag stooft men de vijgen met een deel van het water, waarin ze geweekt zijn, totdat ze een bruinachtige kleur krijgen. [102]Men eet ze met het overige water, waarin ze te weeken hebben gestaan.

G. Gestoofde kernvruchten.

R. 302. **Kastanjes**. Nadat de kastanjes gekruist en gewasschen zijn, laat men ze een 5 à 6 minuten in kokend water broeien. Dan worden zij gedopt en gepeld en met weinig versch kokend water opnieuw opgezet. Daarna laat men ze nog 20 à 30 minuten zachtjes koken.

Men kan de kastanjes opdienen met klare boter of met een stoofsaus, bereid uit het nat der kastanjes, gebonden met in boter lichtgeel gefruite bloem.

R. 303. **Kastanjes (gedroogde)**. Men wascht de gedroogde kastanjes en laat ze daarna een paar uur weeken. Men verwijdert dan de bruine schilletjes en zet ze in het weekwater op. Na ongeveer 5 kwartier of 1½ uur zijn ze gaar. Men dient ze op met klare boter of met een stoofsaus, bereid uit het nat der kastanjes, dat men gebonden heeft met bloem in boter lichtgeel gefruit.

R. 304. **Kastanjes met appelmoes**. Zijn de kastanjes, bereid volgens R. 302 of 303, gaar, dan maakt men ze fijn en vermengt ze met zure appelen, die van de klokhuizen zijn ontdaan en in stukjes gesneden. Zijn de appelen tot moes gekookt dan dient men ze op, na er eerst een kluitje boter door te hebben geroerd.

R. 305. **Kastanjes met room**. Kastanjes, bereid volgens R. 302, worden, voordat zij geheel gaar zijn, fijngemaakt en als ze genoeg zijn afgekoeld, met geslagen room vermengd.

R. 306. **Kastanjes met tomaten (in den schotel gestoofd.)** Ontdoe kastanjes als in R. 302 is voorgeschreven van de schil [103]en ontdoe tomaten als in R. 298 wordt voorgeschreven eveneens van de schil. Leg dan eerst een laag kastanjes in een vuurvasten schotel en daarover een laag tomaten, strooi er een weinig zout over en besproei ze met een champignonsaus bereid, volgens R. 126 of anders met wat gesmolten boter. Men kan in dezelfde orde verschillende lagen leggen. De bovenste moet echter uit kastanjes bestaan. De bovenste laag wordt met fijngestampte beschuit bedekt, waarop men hier en daar een kluitje boter plaatst. Men laat den schotel nog een uur in een matig heeten oven. Mocht de korst bruin worden, dan bedekt men dien met een deksel.

R. 307. **Kastanjes met vruchten**. Op dezelfde wijze als in R. 304 voor *kastanjes met appelmoes* is voorgeschreven, kunnen ook *kastanjes met abrikozen, met dadels, met peren, met pruimen, met vijgen en met vruchten*, die er zich evenals de genoemde toe leenen, bereid worden. Men kan ook de kastanjes en de vruchten, na ze afzonderlijk te hebben gekookt, warm vermengen en ze dan koud laten worden. Koud kunnen ze opgediend worden met brood of met rijst. [104]

Hoofdstuk VII.

Hoofdgerechten uit rijpe peul- en graanvruchten in gedroogden staat.

In den loop der eeuwen, dat de menschheid door verbouwing en opschuring van peul- en graanvruchten zich onafhankelijk zocht te maken van de wisselvallige opbrengst van vruchten, noten, kruiden en wortels, hebben de opgeschuurde peul- en graanvruchten een voornamer plaats in onze voeding veroverd dan hun, dit voordeel buiten rekening gelaten, zou toekomen en die zij zeker niet hadden verkregen als ze door het bakken en koken niet van smaak en aard veranderden. De celwanden toch, die in rijpen toestand reeds weinig geschikt zijn om door de tanden vermaald te worden, zijn dat nog veel minder in gedroogden toestand. Voorafgaand koken of bakken is noodig, weeken daarenboven veelal aanbevelingswaardig, om niet te veel te vergen van de speekselklieren, die het sap moeten leveren om de gekauwde spijzen in voldoend verdunden staat de maag te kunnen bieden.

Volgens Dr. Disqué verdient het de voorkeur om voor het weeken der peulvruchten gekookt water te nemen om het opnemen van kalkdeelen uit het water zooveel mogelijk te voorkomen. Hij raadt verder aan, de gekookte peulvruchten alleen in brijvorm te eten en de brij of puree voor maaglijders door een zeef te wrijven.

Voor heele graanvruchten (als groote grutten bijv.) raadt hij, om altijd weeking aan koking vooraf te doen gaan en ze op zijn minst *drie uur* te laten koken. [105]

Weeking brengt de celwanden eenigermate tot hun natuurlijken toestand terug en *koking* doet ze springen.

De *meelvorm* van graan- en peulvruchten heeft twee dingen tegen zich: *ten eerste*, dat men ze niet in dien vorm kan reinigen en *ten tweede*, dat ze in dien vorm veel spoediger tot bederf overgaan, doordat de beschermende celwanden voor een groot deel zijn verbroken, zoodat lucht en vocht vrijen toegang hebben tot zetmeel en eiwitstof.

A. Gedroogde rijpe peulvruchten.

R. 308. **Boonenpuree**. Men neemt bruine of witte boonen of flageoletboonen, wascht ze en laat ze, een nacht over, in regenwater of gekookt water weeken. Men zet ze den volgenden dag in het weekwater op een zacht vuur. Het water moet een paar vingers breed boven de boonen staan. Als ze half gaar zijn, voegt men er desverkiezende wat zout aan toe. Verder kookt men ze zonder omroeren gaar. Het zoogenaamd doen schrikken van erwten en boonen is zeer af te raden. Indien er water moet worden bijgeboet, zorge men kokend water bij de hand te hebben.

Nadat de boonen zeer gaar zijn, wrijft men ze door de zeef, zoodat de schillen achterblijven, ze met het boonennat, of als dat te kort mocht komen, met heet water aanlengende, zoodat de puree den brijvorm bekomt. Men zet ze daarna met een kluitje boter nog eenige minuten in den oven. Voor den pikanten smaak kan men tegelijk met de boter er wat gefruite uitjes doorroeren, voordat men het gerecht in den oven zet. Dat dient nagelaten als dit gerecht voor maaglijders is bestemd.

R. 309. **Bruine Boonen**. Men bereidt bruine boonen op dezelfde wijze als in R. 368 voor boonen is aangegeven. Men [106]laat ze echter *heel* en discht ze op met een der sausen van R. 121–136.

R. 310. **Bruine-boonenpuree**. Volg de bereidingswijze in R. 308 voorgeschreven.

R. 311. **Capucijners**. Men bereidt capucijners op dezelfde wijze als bij R. 308 voor bruine en witte boonen is voorgeschreven. Men laat ze echter *heel* en discht ze op met een der sausen van Hoofdstuk V. afd. A. Ook *grauwe erwten* worden op dezelfde wijze bereid.

R. 312. **Capucijnerpuree**. Men bereidt capucijnerpuree geheel op dezelfde wijze als boonenpuree (Zie R. 308). Ook *grauwe-erwtenpuree* wordt op dezelfde wijze bereid.

R. 313. **Ei-, Kieviets-, Piethein-Spikkelboonen**. Men bereidt deze boonen op dezelfde wijze als in R. 308 voor bruine en witte boonen is voorgeschreven. Alleen men laat ze *heel* en discht ze op met een der sausen van Hoofdstuk V. Afd. A. (R. 121–136).

R. 314. **Ei-, Kieviets-, Piethein-Spikkelboonenpuree**. Deze puree bereidt men geheel op dezelfde wijze als in R. 308 voor boonenpuree is opgegeven.

R. 315. **Erwtenpuree**. Deze puree van groene of gele erwten wordt op dezelfde wijze bereid als in R. 308 voor boonenpuree is voorgeschreven. Alleen men roert er voor het opdoen gewoonlijk wat fijngehakte peterselie door.

R. 316. **Flageoletboonen**. Men bereidt deze boonen op dezelfde wijze als voor boonen in R. 308 is voorgeschreven, maar men laat ze *heel* en presenteert ze met de zure saus R. 132 of met een der andere sausen van Hoofdstuk V. Afd. A. (R. 121–136). [107]

R. 317. **Flageoletboonenpuree**. Deze puree wordt geheel op dezelfde wijze bereid als in R. 308 voor boonenpuree is voorgeschreven.

R. 318. **Gele erwten**. Men bereidt deze erwten als voor bruine en witte boonen in R. 308 is voorgeschreven. Men laat ze echter *heel* en presenteert ze met een peterseliesaus R. 128 of met een warme vruchtensaus (R. 129).

R. 319. **Gele-erwtenpuree**. Men volgt voor deze puree geheel de bereidingswijze van R. 315.

R. 320. **Groene erwten**. Dezelfde bereidingswijze als in R. 308 voor bruine- en witte boonen is aangegeven. Men laat ze echter *heel* en presenteert ze met een peterseliesaus (R. 128) of met een warme vruchtensaus (R. 129).

R. 321. **Groene erwtenpuree**. Bereidingswijze en opdiening volgens R. 315.

R. 322. **Linzen**. Men bereidt linzen als in R. 308 voor bruine en witte boonen is aangegeven. Men laat ze echter *heel*. Maar ze zijn spoediger gaar. Men dient ze op met een der sausen van Hoofdstuk V. Afd. A. (R. 121–136).

N.B. *Men gebruike geen overjarige linzen. Deze vertoonen zwarte vlekjes, veroorzaakt door de aanwezigheid van torretjes.*

R. 323. **Linzenpuree**. Men volgt dezelfde bereidingswijze als in R. 308 voor boonenpuree is voorgeschreven. Zie N.B. bij R. 322.

R. 324. **Witte boonen**. Men volgt de bereidingswijze, die in R. 308 is aangewezen. Alleen men laat de boonen *heel* en dient ze op met een zure saus volgens R. 126 of met een der andere warme sausen. Zie Hoofdstuk V. Afd. A. (R. 121–136). [108]

R. 325. **Witte-boonenpuree**. Bereidingswijze als in R. 308 is voorgeschreven.

B. Gedroogde rijpe graanvruchten in ongebroken vorm.

R. 326. **Gort (stijfgekookt)**. Na de gort goed te hebben gewasschen laat men ze weeken in zacht water, één maatdeel gort op vier maatdeelen water. Men zet de gort in het weekwater op een zacht vuur en laat ze gaar worden zonder roeren. Bij het uitdijen houde men nog kokend water bij de hand om het zoo noodig van tijd tot tijd er bij te doen. Men dient ze op met een warme vruchtensaus (zie R. 129) of met boter en suiker of met boter en stroop.

R. 327. **Gort met pruimedanten**. Men wascht de gort, weekt ze in water, één maatdeel gort tegen vijf maatdeelen water, zet ze met hetzelfde water op een zacht vuur. Zoodra de gort kookt, voegt men er goed gewasschen pruimedanten bij tot een gelijk gewicht als de gort.

R. 328. **Gort met rozijnen**. Men handelt als in R. 326 is voorgeschreven, behalve dat men vijf maatdeelen water neemt in plaats van vier. Een uur, voordat de gort zal worden opgediend, roert men er goed gewasschen rozijnen, (de helft van het gewicht der gort) door. Men voegt er een kluitje boter aan toe en laat dan de gort in den oven nog een uur lang uitdijen.

R. 329. **Ketan met kokosnoot en arènsuiker**. De ketan moet als de rijst herhaaldelijk met versch water worden gewasschen totdat het water bij het wasschen volkomen kleurloos blijft. (Zie R. 330.) Men zet de ketan met gelijke maatdeelen ketan en water op een zacht brandend [109]vuur, daar het anders licht aanbrandt. De kokosnoot ontlast men eerst van het water, ontdoet haar vervolgens van den bast en schilt er het bruine schilletje dunnetjes af. Men snijdt de kokosnoot in stukken, die men raspt op een rasp met staande pinnen of die men met een amandelmolen fijnmaalt. Bij de arènsuiker doet men wat water en laat ze dan op een zacht brandend vuurtje oplossen. Men bedient zich het eerst van de ketan, bestrooit deze met een hoeveelheid geraspte kokosnoot, waarna men van de opgeloste suiker een zeer kleine hoeveelheid over de kokosnoot sproeit.

R. 330. **Rijst I**. Het meest is aan te bevelen javarijst van den laatsten oogst. De gewone bereidingswijze op Java bestaat in stoomen. Men doet water in een koperen of aarden pot (dandang) van ongeveer dezen vorm.

Terwijl het water aan de kook gebracht wordt, wordt de rijst gewasschen. Aan het wasschen wordt veel werk besteed; het water wordt *herhaaldelijk* ververscht en de rijst geducht gewreven, totdat *er geen wit meer afkomt* en het laatste water dus *volkomen helder* blijft. Na het wasschen doet men de rijst in een mandje van konischen vorm (koekoes-an) dat men met den top naar onderen op den dandang plaatst. Als de rijst half gaar is, wordt ze op een aarden schotel gestort, met wat heet water begoten, en met een spaan (irik) goed doorgewerkt. Vervolgens gaat de rijst weer in de koekoes-an, waarin ze blijft, totdat ze gaar is. Gaar is de rijst, zoodra men ze tusschen duim en wijsvinger kan fijnwrijven zonder er van binnen een scherp hartje in te voelen. De korrels zijn dan nog *heel* en zeer goed te kauwen.

In onze Europeesche stoompannen kan men met nagenoeg denzelfden uitslag rijst gaar stoomen. Men verhaast [110]het gaar worden, als men van tijd tot tijd de rijst voorzichtig omroert en er van boven wat kokend water doorgiet.

Wie geen stoompannen in zijn bezit heeft, kan de rijst met koud water opzetten (1 deel rijst en 2 deelen water). Op een zacht vuur brengt men de rijst langzaam aan de kook en laat ze zachtjes voortkoken tot het water verdampt is. Bij het koken van rijst mag er niet in geroerd worden. De rijst moet den korrelvorm behouden en geschikt blijven om gekauwd te worden. Voor opdiening met saus zie men R. 332.

R. 331. **Rijst II**. Zachtere rijst kan men bereiden door op twee deelen rijst vijf deelen water te nemen. Voor opdiening met saus zie men R. 332.

R. 332. **Rijst III**. Zeer zachte rijst verkrijgt men door één deel rijst te nemen op drie deelen water.

De rijst kan men opdisschen met een der sausen volgens R. 126, 129, 133, 136, 141–158.

R. 333. **Rijst met appelen**. Men bereidt rijst volgens R. 330, 331, of 332 en appelen volgens een der R. 267, 269 of 272. Indien de rijst nagenoeg geheel is uitgedijd, kan men ze met de appelen vermengen en beide te zamen zoolang op een zacht vuur laten uitdijen, totdat de rijst geheel gaar is.

Ook kan men beide gerechten afzonderlijk bereiden en tegelijk voordienen.

R. 334. **Rijst met bloemkool I**. Bloemkool wordt gekookt volgens R. 236 maar met ruim water en rijst volgens R. 330, maar met nog wat minder water. Als de rijst begint uit te zetten, voegt men er in genoegzame mate bloemkoolnat bij; van het overige nat maakt men een saus [111]volgens R. 130. Men dient de gerechten en de saus afzonderlijk op.

R. 335. **Rijst met bloemkool II**. Men kan de rijst in het bloemkoolnat koken (2 deelen rijst op 5 deelen water of één deel rijst op drie deelen water), de gekookte bloemkool in een aantal stukken snijden, die men in de boter bakt en de gebakken boter als saus voordienen.

R. 336. **Rijst met Brusselsche spruitjes**. Men bereidt Brusselsche spruitjes volgens R. 240 en dient ze te gelijk op met de rijst (R. 330 of 331.)

R. 337. **Rijst met champignons**. Nadat de champignons goed nagezien en gewasschen zijn en in stukjes gesneden, worden ze met veel water opgezet en met eenige uien gaargekookt. Men kookt daarna de rijst in het nat der champignons. Zoodra de rijst gaar is, doet men de champignons er bij met een kluitje boter, roert alles door elkaar, strooit er fijngestampte beschuit over en laat het gerecht nog eenige minuten in den oven staan.

R. 338. **Rijst met doperwten**. Doperwten worden gestoofd volgens R. 253. Rijst bereide men volgens R. 330 of 331. Daarna worden beide schotels met een passende saus tegelijkertijd, maar afzonderlijk, opgediend.

R. 339. **Rijst met groene erwten**. Groene erwten en rijst worden afzonderlijk gekookt en wel één deel erwten tegen drie deelen rijst. De schotels worden tegelijk, maar afzonderlijk voorgediend met een der sausen van Hoofdstuk V. Afdeeling A. (R. 120–136).

R. 340. **Rijst met knolletjes**. Nadat de knolletjes, bereid volgens R. 195, gaar zijn, kookt men de rijst in het knollennat [112](vergelijk R. 335). Tegen dat de rijst gaar is, voegt men er de knolletjes aan toe, doet alles in een vuurvasten schotel, besproeit het met bruine botersaus (zie R. 123) en laat dan de rijst in den oven gaar worden.

R. 341. **Rijst met knolselderij**. Geschilde knolselderij snijdt men in dunne schijven en stooft ze met weinig water gaar, daarna laat men ze nog eenige minuten met boter stoven en discht ze op met rijst, bereid volgens R. 330–332.

R. 342. **Rijst met kokosnoot**. Rijst, bereid volgens R. 330 of 331 wordt tegelijk opgediend met geraspte kokosnoot en wat opgeloste bruine suiker, liefst palmsuiker (goela arèn). Nadat men rijst op het bord heeft genomen, bestrooit men ze met geraspte kokosnoot en doet daarover een weinig van de opgeloste suiker.

R. 343. **Rijst met koolrapen**. Men handelt als bij rijst met knolletjes (zie R. 340 en R. 197) of men bereidt beide gerechten afzonderlijk en dient ze te gelijk op met een passende saus.

R. 344. **Rijst met krenten**. Hiervoor neemt men 1 maatdeel rijst tegen 3 maatdeelen water. Laat de rijst half gaar koken en voegt er de goed gereinigde krenten bij. Op 2 gewichtsdeelen rijst 1 gewichtsdeel krenten.

R. 345. **Rijst met krenten of roode bieten**. Men wascht de kroten goed en zet ze met koud water op, en laat ze zoolang koken, totdat de huid loslaat. Dan neemt men ze uit het water, giet er koud water over en ontdoet ze van de huid. Daarna snijdt men ze in schijfjes, die men met weinig water gaar laat stoven. Vervolgens discht men ze op met stoofsaus (R. 130), die men met citroensap [113]zuur gemaakt heeft. Tegelijkertijd dient men een schotel rijst op, bereid volgens R. 330 of 331.

R. 346. **Rijst met peen (worteltjes) I**. Worteltjes worden geschrapt en in parten of schijfjes gesneden, in weinig water gaar gestoofd. Dan zet men 1 deel goed gewasschen rijst met 3 deelen heet water op. Als ze nagenoeg geheel uitgedijd is, roert men de worteltjes door de rijst. Wanneer ze geheel uitgedijd is, roert men een kluitje boter door de rijst en laat ze nog enkele minuten in den oven staan.

R. 347. **Rijst met peen (worteltjes) II**. Peentjes of worteltjes worden geschrapt, aan parten of schijfjes gesneden, met weinig water gestoofd. Men doet er wat peterseliesaus over of laat ze met wat boter en fijngehakte peterselie nog wat nastoven.

Daarna dient men ze tegelijk op met een rijstschotel, bereid volgens R. 330, 331 of 332.

R. 348. **Rijst met peultjes**. Men bereidt peultjes volgens R. 256. Rijst bereide men volgens R. 330, 331 of 332. Daarna worden beide schotels te gelijk, maar afzonderlijk opgediend.

R. 349. **Rijst met poja en kroepoek blindjoe**. Terwijl men rijst bereidt volgens R. 330 of 331 raspt men het vleesch van de kokosnoot of maalt het door een amandelmolen. Men hakt een ei van middelmatige grootte heel fijn met een weinig knoflook. Dit roert men door het geraspte vleesch der kokosnoot en bakt het onder gestadig roeren in een koekenpan licht geel. Men geve acht op het roeren, omdat bij onderbreking het branden niet uitblijft.

Middelerwijl heeft men een half koekje tamarinde met niet te veel water een poosje op een zacht vuur [114]laten doorkoken en doet nu het nat langzaam bij de gebakken kokosnoot, waarin men blijft roeren tot de poja weer goed droog is. Verkiest men de poja heel fijn te hebben, dan kan men ze in een vijzel stampen.

In Indië worden bij de rijsttafel verschillende soorten van *kroepoeks* gebruikt. Daarvan komt alleen de *kroepoek blindjoe* voor vegetariërs in aanmerking, daar de blindjoe een vrucht is en de overige kroepoeks van dierlijken oorsprong zijn. Vóór het bakken der kroepoek blindjoe laat men plantenvet in een koekenpan kokend heet worden. Als men ze er in doet, zetten zij dadelijk uit. Zij moeten blank blijven. Na ze uit de olie te hebben genomen, late men ze uitlekken, totdat zij droog zijn. Men bediene zich van de rijst, strooit er van de poja zooveel overheen als men verkiest en gebruikt van de kroepoek blindjoe naarmate men een grooter of kleiner liefhebber is van croquante spijzen.

R. 350. **Rijst met pompoen**. Als de rijst, die men met heet water heeft opgezet, nog niet geheel uitgedijd is, doet men er de pompoen bij, die volgens R. 289 is schoongemaakt, met zooveel heet water als noodig blijkt, en laat alles te zamen stoven, totdat de pompoen gaar is, voegt er dan een weinig gebraden boter bij en roert alles door elkaar, of men laat de bruine boter weg en presenteert er afzonderlijk zure eiersaus bij. (Zie R. 135).

R. 351. **Rijst met rhabarber**. Wanneer de rijst, bereid volgens R. 330, 331 of 332, nagenoeg geheel is uitgedijd, roert men er de rhabarber door, die volgens R. 204 is klaargemaakt en laat onder toevoeging van een kluitje boter de rijst in den oven verder uitdijen.

R. 352. **Rijst met sajor**. Voor sajor neemt men groente van verschillende soort als: prei, selderij, groene of savoyekool, [115]snijboonen, peterselie en een weinig kervel. Na de groenten te hebben schoongemaakt, worden ze grof gesneden, daarna voegt men er nog wat schoongemaakte peultjes of prinsessenboonen bij en wascht daarna nogmaals alles goed en zet het dan met niet te veel water op een zacht brandend vuur. Terwijl bakt men wat fijngesneden uien, die men bij de groente voegt met een weinig knoflook en met soja en zout naar smaak. Men laat een koekje tamarinde in wat water aan de kook komen. Als het is opgelost, doet men het water bij de groente, zorgdragende, dat de sajor niet te zuur wordt. Men voegt ook doorgaans wat doperwtjes bij de sajor, maar die mogen niet te lang met de sajor meekoken. Ten laatste zoet men de saus met een weinig Javaansche suiker of met arènsuiker. Men dient de sajor, die niet te dun mag zijn, afzonderlijk maar tegelijk op met de rijst, bereid volgens R. 330.

R. 353. **Rijst met savoyekool**. Men bereidt savoyekool volgens R. 245, maar zet ze ruimer op dan is voorgeschreven. Zoodra de kool gaar is, zet men ze op een vergiet en in het koolnat kookt men de rijst, die men herhaaldelijk gewasschen heeft, totdat het water volkomen helder blijft.

Is de rijst bijna geheel uitgedijd, dan mengt men kool en rijst door elkaar, bevochtigt ze met bruine botersaus, voegt er zout bij naar smaak en laat ze nog een half uur in den oven verder uitdijen.

R. 354. **Rijst met schorseneren**. Schorseneren worden geschrapt en elke wortel dadelijk na het schrappen in water en melk gelegd om hem zijn blanke kleur te doen behouden. Vervolgens worden de schorseneren in weinig water gestoofd en als ze gaar zijn met wat gebraden boter vermengd of met de een of andere saus opgedischt. [116]Tegelijk dient men rijst op, bereid volgens R. 330, 331 of 332.

R. 355. **Rijst met tomaten**. Groote rijpe tomaten wascht men, zet ze op in kokend water, laat ze daarin even opkoken, bevrijdt ze vervolgens van de schil en laat ze dan nog even in wat boter stoven. Men dient ze tegelijk op met rijst, bereid volgens R. 330, 331 of 332.

R. 356. **Rijst met vruchten**. Overgebleven of versch gekookte rijst (R. 330, 331 of 332) doet men in een platten schotel of braadslee, daarover heen een laag van versche of ingemaakte vruchten, die men met suiker bedekt, vervolgens kookt men tamelijk stijf griesmeel met amandelen, waarvoor men het best de amandeltjespudding van de firma A. J. Polak te Groningen kan gebruiken. De gekookte griesmeel spreidt men over de laag vruchten. Daarna strooit men beschuittrommels of gemalen oudbakken wittebrood over de griesmeellaag, plaatst hier en daar een kluitje boter en zet den schotel of braadslee in een matig verhitten oven, waarin hij blijft, totdat zich een lichtbruine korst heeft gevormd. De schotel wordt warm opgediend.

R. 357. **Rijst met zuring**. Wanneer rijst, bereid volgens R. 330, 331 of 332, bijna geheel is uitgedijd, roert men er de zuring door, die volgens R. 234 of 235 is klaargemaakt en laat onder toevoeging van een kluitje boter de rijst in den oven verder uitdijen.

C. Gedroogde rijpe graanvruchten in brij- en papvorm.

R. 358. **Bahmie**. Goed gewasschen groenten als prei, selderij, savoye- of groene savoyekool, andijvie enz. worden goed fijngesneden en nogmaals gewasschen, waarna [117]men ze op een vergiet laat uitdruipen en vervolgens met boter half gaar laat bakken. Men doet ze daarna in een pan om ze met een weinig water te laten gaar stoven. Middelerwijl fruit men fijngesneden uien, knoflook, peterselie en wat kervel met in schijfjes of dobbelsteentjes gesneden tomaten en champignons in boter. Men voegt dit bij de stovende groente en laat alles koken tot het gaar is. Vervolgens wascht men de mie (men rekent 2 koekjes op één persoon) in lauw water, die men bij de groente voegt, waarna alles nog een uur blijft stoven. Dan voegt men er nog gestoofde doperwtjes of peultjes aan toe, waarna men alles voorzichtig dooreenmengt, er naar smaak wat soja en zout bijvoegend. Men zij daarbij voorzichtig, omdat de mie van zich zelf reeds zout is. Men zorge dat de mie smedig is, niet te nat. Daarna garneere men de bahmie met reepjes van zeer dun gebakken omelet. Bij het opdienen geve men er schijfjes citroen bij.

R. 359. **Boekweitegort (Boekende grutjes)**. Onder gestadig roeren schudt men 100 gram grove en 80 gram fijne boekweitegort in 1 liter kokend water, eerst in kleine, allengs in grootere scheuten uit; men blijft doorroeren, totdat de gort weer kookt, zet ze dan op een zacht vuur om ze verder te laten uitdijen. Zoo noodig, voegt men er van tijd tot tijd een scheutje heet water bij. Men kan ze eten met een warme vruchtensaus volgens R. 129 bereid of wel met boter en suiker of met boter en stroop.

Wanneer men de boekweitebrij minder stijf wil maken, kan men volstaan met 70 gram grove en 55 gram fijne boekweitegort op één liter vocht.

R. 360. **Boekweitegort met abrikozen**. Na versche of gedroogde abrikozen goed gewasschen en overeenkomstig R. 264[118]of 265, maar thans in ruim water, te hebben opgezet, kookt men de boekweitegort overeenkomstig R. 359 in het kokende nat der abrikozen, na de laatste eerst uit de pan te hebben geschept. Indien er te weinig nat is, lengt men het eerst aan met kokend water. Zoodra de gort kookt, roert men er de abrikozen door, blijft roeren totdat ze weer kookt en laat ze daarna nog ongeveer 20 minuten op een zeer zacht vuur uitdijen.

R. 361. **Boekweitegort met karnemelk**. Men laat karnemelk koken en handelt verder als in R. 359 is voorgeschreven. Voordat de karnemelk kookt, moet er van tijd tot tijd in worden geroerd om het aanzetten te voorkomen.

R. 362. **Boekweitegort met melk**. Men kan boekweitegort met zoete melk op tweeërlei wijzen bereiden: *Vooreerst* door melk, naar smaak verdund, te koken en vervolgens te handelen als in R. 359 is voorgeschreven en *ten tweede* door eerst boekweitegort met water te koken en bij het uitdijen er heete melk bij te gieten in plaats van heet water. Voordat de zoete melk kookt, mag er niet in worden geroerd.

R. 363. **Boekweitegort met pruimen of pruimedanten**. Men wascht versche pruimen, gedroogde pruimen of pruimedanten en handele verder naar R. 290, 291 of 293, maar zet ze voor deze gelegenheid met meer water op. Als de vruchten gaar zijn, neemt men ze uit de pan, handelt verder als in R. 360 is voorgeschreven voor boekweitegort met abrikozen.

R. 364. **Boekweitegortreepen**. Overgebleven of volgens R. 359, 361 of 362 bereide boekweitegort doet men, als ze goed is uitgedijd, in een vorm, waarin men ze stijf laat worden. Men snijdt de koude gort in dunne reepen, [119]doopt die met de breede zijden in een geklopt ei en vervolgens in geraspt brood en bakt ze aan beide zijden lichtbruin in boter of olie.

R. 365. **Boekweitemeelpap**. Op één liter kokend water neemt men voor dunne pap 80 gram, voor middelmatige 110 gram en voor dikke 160 gram boekweitemeel, die men al roerende eerst in kleinere daarna in grootere scheuten in het kokende water schudt. Men blijft doorroeren totdat men er zeker van is dat er geen klonters meer in de pap zijn.

Men dient de pap op met kandijstroop of met bruine suiker of met compote.

R. 366. **Boekweitemeelpap met karnemelk. (Karnemelksche pap)**. Als men de karnemelk, nu en dan roerende, aan de kook heeft gebracht, roert men het meel, dat men met wat koude melk tot een papje zonder klontjes heeft gemengd, door de kokende melk. Men blijft roeren, totdat de pap gaar is, na ongeveer 8 of 10 minuten.

Men neemt gewoonlijk 60 à 80 gram op één liter melk.

R. 367. **Boekweitemeelpap met zoete melk. (Lammetjespap)**. Als men de zoete melk, vol of naar smaak verdund, zonder roeren aan de kook heeft gebracht, handele men verder als in R. 366 is voorgeschreven.

R. 368. **Boekweitemeelreepen**. Overgebleven of volgens R. 366 bereide dikke boekweitemeelpap doet men, als ze goed is uitgedijd, in een vorm, waarin men ze stijf laat worden. Daarna handelt men gelijk in R. 364 voor boekweitegortreepen is voorgeschreven.

R. 369. **Broodpap**. Als men zoete melk, vol of naar smaak verdund, zonder roeren aan de kook heeft gebracht, voegt [120]men er aan dobbelsteenen gesneden oud brood bij. Men neemt gewoonlijk 70 à 80 gram brood op één liter melk.

R. 370. **Deensche brij**. In één liter kokend water stort men 60 gram parelgort en laat ze 1½ à 2 uur koken, voegt er dan bij 1¼ deciliter bessensap, 25 gram krenten, 25 gram sultanarozijnen en 50 gram suiker. Men laat alles te zamen nog een uur op een zacht vuur staan en houde heet water bij de hand, indien de parelgort niet genoeg zou kunnen uitdijen.

R. 371. **Gierst**. Na de gierst een paar malen gebroeid te hebben om er den bitteren smaak aan te ontnemen, neemt men één maatdeel gierst op 3½ maatdeel koud water, waarin men ze op een zacht vuur laat gaar worden en uitdijen.

R. 372. **Gierst met melk I**. In een liter kokende melk, naar smaak verdund, stort men al flink roerende de gierst, die men van te voren een paar malen heeft gebroeid. Desverkiezende doet men er wat zout bij.

R. 373. **Gierst met melk II**. Men volgt R. 371 maar zet de gierst op met de helft van het voorgeschreven koud water. Zoodra ze begint met uitdijen, giet men er af en toe kokende melk op, totdat de gierst genoeg is uitgedijd zonder den korrelvorm te hebben verloren.

R. 374. **Gierst met pruimedanten**. Na broeiïng als in R. 371, zet men de gierst op een zacht vuur met 5 maatdeelen water tegen één maatdeel gierst. Zoodra de gierst kookt, roert men er goed gewasschen pruimedanten door. Het gewicht der pruimedanten moet men even groot nemen als dat der gierst. [121]

R. 375. **Griesmeelpap**. Breng een liter zoete melk aan de kook, stort er 80 gram griesmeel roerende in en blijf doorroeren tot de pap gaar is.

R. 376. **Gortpap**. Nadat men de gort goed gewasschen heeft, zet men ze eerst eenige uren in de karnemelk in de week. Men brengt ze roerende aan de kook en laat ze daarna nog twee à drie uur in een gesloten pan uitdijen. Men herleze bladz. 104 en 105.

Men neemt gewoonlijk 100 gram gort op 1 liter karnemelk. Wil men ze dik hebben, dan 150 gram op één liter.

R. 377. **Hangop**. Melk, onder het microscoop gezien, vertoont zich als een heldere vloeistof, waarin vetbolletjes zweven, omgeven door een hulsel van kaasstof. Laat men de melk stil staan, dan verzamelt zich een groot gedeelte der vetbolletjes aan de oppervlakte. Die bovenste laag noemt men *room*. Room heeft dus een hoog vetgehalte.

Door toevoeging van een zuur of door den invloed der lucht wordt de melk (en evenzoo de room) zuur. De kaasstof (door den boer wrongel geheeten) scheidt zich voor het oog waarneembaar van de vloeistof, die men dan *wei* heet. Door karnen scheidt zich het vet (of de boter) den room of van de melk. De overblijvende melk heet dan karnemelk.

Door de melk of de karnemelk op een schoonen doek te gieten, die over een vergiet ligt of over een emmer hangt, lekt de wei uit de melk en houdt men de wrongel of hangop op den doek. De wrongel of hangop is dus een eiwitrijk voedsel, terwijl die, welke uit ongekarnde melk is bereid, ook een hoog vetgehalte heeft.

Zoete of *zure room* en de *hangop*, uit zure of uit gekamde melk bereid, wordt opgediend met keukenbeschuit en suiker. [122]

De uitgelekte wei is zeer rijk aan voedingszouten. Zij werd dan ook in vroegere tijden hoog geschat als een gezonde drank.

R. 378. **Haver (geplette), zoogenaamde "havermout" in karnemelk**. Men handelt als in R. 361 voor boekweitegort met karnemelk is voorgeschreven, maar neemt 80 à 90 gram op één liter melk.

R. 379. **Haver (geplette), zoogenaamde "havermout" in zoete melk**. Men handelt als in R. 362 voor boekweitegort met melk is voorgeschreven, maar neemt 80 à 90 gram op één liter vocht.

R. 380. **Haver(de)gort**. Men bereidt havergort als boekweitegort, R. 359. Men laat ze nog een geruimen tijd op een zacht vuur staan. Men dient ze op met een warme vruchtensaus volgens R. 129 bereid of met compote.

R. 381. **Haver(de)gort met karnemelk**. Men volge R. 361.

R. 382. **Haver(de)gort met zoete melk**. Men volge R. 362.

R. 383. **Haver(de)gort met pruimen of pruimedanten**. Men volge R. 363.

R. 384. **Macaroni**. Nadat men de macaroni in stukken heeft gebroken en gewasschen laat men ze in weinig kokend water en met een beetje zout in een ondiepe pan of schotel gaar worden, maar niet te gaar, zoodat men ze nog kan kauwen. Men doet er wat gesmolten boter over en schudt dan de macaroni, zoodat de boter overal doordringt. Men kan ze tegelijk met compote opdienen.

R. 385. **Macaroni met kaas**. Men behandelt de macaroni als in [123]R. 384 en vermengt fijn geraspte kaas met de gesmolten boter, als deze wat afgekoeld is, waarna men weer goed schudt. Voor maaglijders *niet* aan te bevelen.

R. 386. **Macaroni met pikante saus**. Wanneer de macaroni volgens R. 384 bereid bijna gaar is, giet men het nat van de macaroni af, bindt dat met in boter gefruite bloem, voegt er een weinig soja aan toe en wat fijngehakte kruiden (peterselie, kervel en een weinig dragon), die men met een fijngehakt uitje in weinig boter gaar fruit en dan door de saus roert.

R. 387. **Macaroni met rozijnen**. Men breekt de macaroni in stukken, wascht ze en zet ze met weinig kokend water op. Als ze half gaar is, doet men er de gewasschen rozijnen in met een kluitje boter en laat ze in den oven gaar worden.

R. 388. **Macaroni met tomaten**. Na tomaten van de steeltjes te hebben ontdaan en ze gewasschen te hebben, worden ze met weinig water gaar gekookt. Men wrijft ze daarna door een vergiet, zoodat de schillen achterblijven. Macaroni wordt afzonderlijk volgens R. 384 bereid. Is de macaroni gaar dan wordt ze onder toevoeging van boter, wat gebakken uien, een weinig zout en soja met de tomaten vermengd in een vuurvasten schotel. Men strooit er gestampte beschuit over, plaatst hier en daar een klein kluitje boter en zet het gerecht in een matig verhitten oven, waar men het lichtbruin laat bakken.

R. 389. **Macaronipap.** Men kookt macaroni half gaar met water, giet het overvloedige water af en doe er zooveel heete melk bij als noodig is. Men blijft de macaroni voorzichtig doorroeren, totdat ze heeft doorgekookt en schuift ze [124]dan ter zijde van het vuur. Men laat ze verder met een goed gesloten deksel uitdijen.

R. 390. **Maizenapap.** Melk wordt aan de kook gebracht en daarin wordt geroerd een papje, dat verkregen is door de maizena met koude melk te roeren, zonder dat er klontjes worden gevormd. Men blijft doorroeren tot de pap gaar is, wat na enkele minuten het geval zal zijn. Men neemt 70 gram maizena op één liter melk.

R. 391. **Parelgortpap I (met karnemelk).** Men handelt met parelgortpap als in R. 376 voor gortpap is voorgeschreven.

R. 392. **Parelgortpap II (met zoete melk).** Men handelt als in R. 376 voor gortpap is voorgeschreven, behalve, dat men de karnemelk door zoete melk vervangt.

R. 393. **Rijstebrij I.** Men brengt melk (naar smaak verdund) in een gave pan, die men eerst met koud water heeft omgespoeld, aan de kook. Dan stort men al roerende de rijst, die men te voren herhaaldelijk gewasschen heeft, totdat het laatste waschwater volkomen helder bleef, in de kokende melk. Men blijft roeren totdat de melk weer goed doorkookt. Daarna plaatst men de pan op een zeer zacht vuur en laat de brij nog op zijn minst 1½ uur heel zacht koken.

Gewoonlijk neemt men 150 gram rijst op 1 liter vocht voor middelmatig dikke brij, 100 gram voor dunne en 200 gram voor stijve brij.

R. 394. **Rijstebrij II.** Na de rijst (zie R. 393) goed gewasschen te hebben, stort men ze in kokend water. Zoodra de rijst begint uit te dijen, doet men er kokende melk bij. Men rekent gelijke maatdeelen melk en water en volge de verhouding, die in R. 393 is aangegeven. [125]

R. 395. **Rijstebrij met sina'sappelen (koud).** Na rijstebrij volgens R. 393 te hebben bereid, laat men ze afkoelen. Men ontdoet een aantal sina'sappelen zorgvuldig van de schil en van de kernen en snijdt ze aan schijven. Daarna spreidt men een laag van de rijstebrij in een diepe schaal uit. Over deze laag legt men een laag van de sina'sappelschijven, die men rijkelijk met suiker bestrooit. Op deze wijze legt men eenige lagen op elkaar. De bovenste laag moet uit sina'sappelen bestaan. De schotel moet vóór het gebruik een paar uur staan. Men dient het gerecht op met opgeloste Javaansche suiker (goela djawa).

R. 396. **Rijstepap met santen**. Men kookt een half kilo goed gewasschen rijst half gaar met melk, dan voegt men er drie vierdedeel van de santen bij uit een kokosnoot verkregen. De wijze, waarop men santen uit kokosnoot verkrijgt, vindt men beschreven in R. 511.

Bij deze pap behoort een saus, die men bereidt uit een halve liter melk, welke men zoet maakt met opgeloste Javaansche suiker (goela djawa) en uit de overgebleven santen, die men bij de melk voegt. Men brengt het vocht aan de kook en bindt het met maizena.

R. 397. **Rijst met karnemelk**. Men wascht de rijst als in R. 393 is aangegeven, zet ze op met koude karnemelk en blijft langzaam roeren tot ze doorkookt. Dan laat men ze in een gesloten pan zachtjes uitdijen. Men neemt 150 gram rijst op één liter karnemelk.

R. 398. **Sagopap**. Men kookt melk en stort er dan, al roerende, de sago in. Als de melk weer doorkookt, laat men ze op een zacht vuur nog een uur of anderhalf uitdijen.

Men neemt 80 gram sago op één liter vocht. [126]

R. 399. **Tapiocapap**. Na de tapioca gewasschen te hebben, laat men ze een paar uur in de melk weeken. Men zet ze met de weekmelk op het vuur en als ze kookt, laat men ze op een zacht vuur nog een paar uur uitdijen. Nu en dan roert men, om het aanzetten te voorkomen. Men neemt 70 gram tapioca op één liter vocht.

R. 400. **Vermicellipap**. Op één liter kokende melk stort men al roerende 150 gram gebroken witte vermicelli. Men blijft doorroeren tot de melk weer doorkookt. Dan schuift men ze van het vuur en laat ze nog een drie kwartier of een uur uitdijen. Van tijd tot tijd roert men er in om het aanzetten te voorkomen.

D. Knoedels.

Knoedels zijn een gezonde meelspijs, die hier te lande vroeger meer dan tegenwoordig werd opgedischt en die thans nog algemeen geliefd is in Duitschland. De toebereiding vereischt een zekere oefening, waarom het aanbevelenswaardig is om bij de bereiding van knoedels er een op proef te koken, want al worden de recepten ook nog zoo goed voorgeschreven, er kunnen door verschil in grootte van eieren, door de hoedanigheid van de boter of van het meel zich kleine afwijkingen voordoen, die na de proef gemakkelijk kunnen worden in orde gebracht. De knoedels moeten wel is waar luchtig zijn, maar niet week. Mocht de proefknoedel te week zijn, dan moet er nog wat meel of nog wat dooier bij het deeg. Is ze te vast dan moet er melk of water bij. Het meel moet vooral droog en fijn zijn, het brood oudbakken, het water nooit warm en het overtollig weekwater moet voorzichtig met een doek uit het brood gedrukt worden. Fijngestampte beschuit of gemalen broodkruim laat men door een matig fijne zeef gaan. Wanneer men knoedels vormt, moeten de handen telkens in het koude water of in het meel gedoopt worden. Men mag de knoedels niet stuk [127]voor stuk vormen en dadelijk in het water dompelen, maar ze eerst alle vormen en ze dan tegelijk in de kokende melk of in het kokend water dompelen, anders zouden de knoedels ongelijk gaar worden. Als men de knoedels met een lepel steekt, dan moet men de lepel telkens in het kokende water doopen. Als de knoedels naar boven stijgen, zijn ze gaar en worden ze met een frituurlepel uit het kokende vocht genomen en zoo spoedig mogelijk opgediend. In het water, waarin de knoedels gekookt worden, doet men altijd wat zout.

R. 401. **Aardappelknoedels**. Men maakt dobbelsteentjes van bruin- of wittebrood, fruit die geel in boter of in slaolie. Van een liter aardappelen fijngemaakt en 200 gram grof tarwemeel met 2 geklutste eieren, goed gekneed, zoodat het deeg niet meer aan de handen kleeft, maakt men ballen, met juist in het midden een van de gefruite dobbelsteentjes. Men kookt ze in kokend water in een kwartier gaar.

Men kan ze opdienen met de meeste sausen uit Hoofdstuk V of met gestoofde gedroogde vruchten.

R. 402. **Appelknoedels**. Men snijdt een halven liter geschilde en doorboorde zoete appelen in kleine schijven en zoo noodig deze weer in gedeelten. Men legt de stukken in een schotel en voegt er ¾ liter warme melk, 100 gram gesmolten boter en vier eieren bij met zooveel geraspt wittebrood, dat men een stevig deeg verkrijgt. Men kneedt alles goed door elkaar en vormt van dit deeg knoedels, die men in kokend water laat gaar koken.

Men dient ze op met een vruchtensaus.

R. 403. **Griesmeelknoedels II**. Griesmeel in water gekookt volgens R. 375 neemt men van het vuur als het goed stijf is en roert er een kluitje boter door. Men laat de stijve brij eerst koud worden en mengt er dan 4 flink geklopte [128]eieren door en zooveel griesmeel, dat men een stevig deeg verkrijgt. Daarvan maakt men bollen met in het midden een of twee in boter gefruite dobbelsteentjes wittebrood. De bollen doopt men in geklopt eiwit, wentelt ze daarna in beschuitkruimels en bakt ze als oliebollen in kokende olie of plantenvet.

R. 404. **Meelknoedels**. Drie eieren en dubbel zooveel melk en zes lepels meel worden flink beslagen. Door het beslag wordt 100 gram gesmolten boter geroerd. Boven een zacht brandend vuur roert men het deeg aanhoudend tot het van den bodem loslaat. Als het deeg koud is, mengt men er nog drie eieren door met wat zout, roert alles nog eens goed door elkaar, steekt met een lepel, die telkens in heet water gedoopt is, knoedels af en doet ze tegelijk in kokend water, waarin wat zout is opgelost. Zoodra de knoedels naar boven komen, zijn zij gaar en moet de pot van het vuur genomen worden.

R. 405. **Rijstknoedels**. Zacht gekookte rijst laat men koud worden, voegt er een of twee eieren, suiker naar smaak bij en kneedt er zooveel geraspt wittebrood door, dat men een vast deeg verkrijgt, waarvan men knoedels vormt, die men in kokend water laat gaar koken. Men dient ze op met een passende saus. (Zie Hoofdstuk V).

R. 406. **Spinazieknoedels**. Spinazie bereid volgens R. 232 wordt zeer fijngehakt. Gesmolten boter (125 gram) wordt, als ze afgekoeld is, vermengd met 4 eieren en bij de fijngehakte spinazie gevoegd. Daarna wordt door de spinazie zooveel bloem gekneed, dat men een week deeg verkrijgt. Van dit deeg vormt men knoedels, die men door de bloem wentelt en dan in kokend water gaar laat worden.

Men dient ze op met gewelde boter. [129]

Hoofdstuk VIII.

Panspijzen.

R. 407. **Panbloemkool**. Versch gekookte of overgebleven bloemkool (mits zonder melksaus bereid) maakt men fijn, en vermengt ze met fijngemaakte aardappelen, liefst in het nat der bloemkool gekookt, waarbij men wat boter voegt; men stort het mengsel in een vuurvasten schotel. Nadat men er gestampte beschuit over heeft gestrooid, laat men het in een flink heeten oven staan, totdat zich een mooie korst gevormd heeft.

R. 408. **Panboonen**. Aardappelen, gekookt volgens R. 171 en bruineboonenpuree, gekookt volgens R. 308 worden door elkaar gestampt. Men zout het gerecht naar smaak en mengt er wat bruin gebakken boter door, doet het in een vuurvasten schotel, bestrooit het met fijngestampte beschuit, plaatst er hier en daar een klein kluitje boter op en laat het in een vrij warmen oven staan, totdat het mooi bruin ziet, zorgdragende, dat het niet te droog in den oven komt.

Het nat van de boonen kan men bewaren om er soep van te koken.

R. 409. **Panbrood met appelen**. Van oudbakken wittebrood snijdt men de bruine korst af, snijdt het daarna in sneedjes, die ieder mager met boter worden besmeerd. Van die [130]sneedjes legt men een laag in een vuurvasten schotel. Op deze laag spreidt men een dikke laag appelmoes, bereid volgens R. 272. Men maakt een aantal lagen naar verkiezing beurtelings brood en appelmoes, in aanmerking nemende, dat de bovenste laag brood moet zijn. Daarover strooit men fijngestampte beschuit, die men drenkt met gesmolten boter. Het gerecht laat men in een goed verwarmden oven, tot het lichtbruin ziet.

R. 410. **Panbrood met appelmoes I**. Bruin brood wordt fijngekruimd en met een beetje boter in den oven of op een zacht vuur langzaam geroost, tot het mooi lichtbruin ziet. Hiervan legt men in een vuurvasten schotel een laagje en daarop een laag appelmoes, dan een laagje brood enz. Naar verkiezing kan men er gesnipperde zoete amandelen bijvoegen; men zorgt dat het bovenste laagje uit gekruimd brood bestaat met wat gesmolten boter besproeid. Het schoteltje moet ongeveer 3 kwartier in den oven staan, die niet te heet mag zijn.

R. 411. **Panbrood met appelmoes II**. Men legt in een vuurvasten schotel, met wat boter bestreken, een laagje wittebrood aan sneedjes, met water eenigszins vochtig gemaakt, daarover een laag appelmoes, daarop een laagje gekookte krenten en zoo beurtelings. De bovenste laag moet weer wittebrood zijn. Daarover een weinig gesmolten boter. Men laat het in den oven staan, totdat zich een mooie korst gevormd heeft.

R. 412. **Panbrood met champignons**. Men reinigt champignons zooals in R. 192 is voorgeschreven. Na het uitlekken fruit men ze met een weinig knoflook en peterselie in wat boter. Vervolgens legt men een laag geroosterde sneedjes brood in een vuurvasten schotel en daarop de gefruite champignons. Op de champignons legt men een [131]aantal niet te hard gekookte eieren in vierdeparten gesneden. Dan drenkt men den inhoud van den schotel met een pikante saus. (Zie R. 125). Men kan op dezelfde wijze voortgaan, maar men zorge, dat de bovenste laag uit geroosterd brood bestaat. Ook deze wordt dan met pikante saus begoten. Men bestrooit het geheel dan met fijngestampte beschuit, plaatst hier en daar een kluitje boter en laat het gerecht in een goed verwarmden oven licht bruin worden.

R. 413. **Panbrood met tomaten**. Van oudbakken brood worden de korsten afgesneden. Daarna snijdt men het brood in sneedjes. Mooie rijpe tomaten worden even in kokend water gedompeld en van de schil ontdaan, daarna in dikke schijven gesneden. Men legt nu eerst een laag sneedjes brood en daarover een laag schijven tomaten. Men strooit er een weinig zout over en besprenkelt ze met gesmolten boter, waardoor een weinig soja is geroerd. Men kan verschillende lagen in den schotel leggen, als men zorgt dat de bovenste laag brood met wat boter is besproeid. Men laat het gerecht een uur in een matig verhitten oven en zorge, dat de bovenkorst mooi bruin ziet.

R. 414. **Panbrood met zuring**. Na de zuring te hebben behandeld als in R. 234 of als in R. 235 is voorgeschreven, neemt men oudbakken wittebrood, waarvan men eerst de bruine bovenkorst afsnijdt en het daarna aan kleine sneedjes snijdt. Men legt in een diepen vuurvasten schotel of braadslee een laag sneedjes brood, die mager met boter besmeerd zijn, daarna een laag zuring en zoo beurtelings, zooveel men meent noodig te hebben. Over de bovenste laag strooit men beschuitkruim en plaatst hier en daar een klein kluitje boter. Men plaatst het gerecht in een flink verhitten oven, waarin het een uur moet blijven. [132]

R. 415. **Pangierst**. In een met boter bestreken vuurvasten schotel doet men 250 gr. gebroeide gierst, ¼ liter melk, een kluitje boter ter grootte van een okkernoot, strooit er fijngestampte beschuit over, plaatst hier en daar een kluitje boter en zet het in een goed gestookten oven, totdat er zich een lichtbruine korst op gevormd heeft.

R. 416. **Pangroenten met aardappelpuree**. Na een aardappelpuree te hebben gemaakt volgens R. 172, maar in plaats van melk met heet water en een kluitje boter, hakt men overgebleven groenten fijn. Die groenten mogen niet met melk bereid zijn. Men roert boter en citroensap naar smaak door de fijngehakte groenten, die men uitspreidt over een laag aardappelpuree in een vuurvasten schotel en die men weer met een laag aardappelpuree dekt. Men strooit er fijngestampte beschuit over, plaatst hier en daar een kluitje boter en laat den schotel in den oven, totdat zich een mooie korst gevormd heeft.

R. 417. **Pankool**. Men kookt kool (savoye- (R. 245), groene savoye- (R. 246), of roode (R. 242) kool) en aardappelen volgens R. 171. Men neemt bij het stampen gelijke deelen van het nat der kool en van het nat der aardappelen. Er moet meer nat bij dan bij gewone stamppot. Als het goed door elkander is gemengd, doet men alles in een vuurvasten schotel. Na er nog wat boter te hebben doorgeroerd en zout naar smaak, dekt men het met een goed vochtig laagje van achtergehouden fijngemaakte aardappelen, waarover men fijngestampte beschuit strooit met hier en daar een kluitje boter. Men laat het in den oven staan, totdat zich een bruine korst gevormd heeft.

R. 418. **Pankroten, Panbieten**. Men kookt kroten volgens R. 198 en maakt een aardappelpuree volgens R. 172. Men hakt [133]de kroten fijn en mengt ze met bruine botersaus (R. 123), soja en citroensap door de aardappelpuree. Van de aardappelpuree houdt men wat afzonderlijk voor een laagje bovenop. Men bestrooit het laagje met fijngestampte beschuit, plaatst hier en daar een kluitje boter, zet den vuurvasten schotel met de pankroten in den oven en laat hem staan, totdat zich een mooie korst gevormd heeft.

R. 419. **Panmacaroni I**. Men vermengt met overgebleven of volgens R. 384 bereide macaroni 3 eierdooiers en 60 gram geraspte Parmesaansche of jonge zoetemelksche kaas. Van 125 gram boter gebruikt men een gedeelte om een vuurvasten schotel te besmeren; het overige doet men in de macaroni. Het wit der 3 eieren, tot schuim geklopt, mengt men er vervolgens door. Men stort alles in den schotel, strooit er fijngestampte beschuit over, legt hier en daar een kluitje boter en laat ze in een goed gestookten oven staan, tot er zich een mooie gele korst gevormd heeft.

R. 420. **Panmacaroni II**. Men kookt macaroni volgens R. 384 en maakt daarna aardappelen volgens R. 170 of 171 bereid onder toevoeging van wat boter en heet water tot een puree. Vervolgens legt men laagsgewijze een laag macaroni en een laag aardappelpuree in een vuurvasten schotel, waarbij men zorgt, dat er een aardappellaag boven komt; die bestrooit men met kruim van beschuit met hier en daar een kluitje boter er op. Men zet den schotel in een matig gestookten oven. Als de korst mooi bruin is, kan men het gerecht opdisschen.

R. 421. **Panmacaroni met kastanjes en tomaten**. Men bereidt macaroni volgens R. 384, kastanjes volgens R. 302 en tomaten volgens R. 298. In een vuurvasten schotel [134]spreidt men een laag van de macaroni, vervolgens een laag van de kastanjes en dan een laag tomaten. Men kan deze opvolging herhalen, wat natuurlijk afhangt van de bereide hoeveelheid en van de grootte van den schotel, met dien verstande evenwel dat de bovenste laag even als de onderste uit macaroni moet bestaan.

De bovenste laag bedekt men met fijngestampte beschuit, plaatst hier en daar een kluitje boter, waarna men het gerecht in den oven zet. Is de korst mooi bruin dan neemt men het er uit.

R. 422. **Panpuree van aardappelen I**. Een liter overgebleven of opzettelijk gekookte aardappelen worden fijngemaakt en met melk tot een stijve brij vermengd, in een met boter besmeerden schotel gedaan. Men voegt er boter en zout naar smaak bij, strooit er fijngestampte beschuit over met hier en daar een kluitje boter er op, zet dan den schotel in een matig gestookten oven, waarin de puree blijft, totdat zich een mooie korst gevormd heeft.

R. 423. **Panpuree van aardappelen II**. In plaats van melk (Zie R. 422) neemt men kokend water met fijngehakte peterselie en uien. Zijn de aardappelen pas gekookt, dan gebruikt men het water, waarin ze gekookt zijn, om er den brijvorm aan te geven. Verder handele men als in R. 422 is voorgeschreven.

R. 424. **Panrijst met zuring**. Na de zuring bereid te hebben volgens R. 234 of R. 235 legt men een laag rijst, die volgens R. 332 is klaargemaakt in een diepen vuurvasten schotel (of braadslee) na dien eerst met boter te hebben besmeerd. Op de laag rijst, spreidt men een laag zuring, en zoo vervolgens om de ander. Over de bovenste laag strooit men beschuitkruim en plaatst hier en daar een kluitje boter. Het gerecht wordt in een flink verhitten oven geplaatst, waarin het een uur moet verblijven. [135]

R. 425. **Pantomaten**. Rijpe tomaten worden gewasschen en met weinig water opgezet. Nadat ze even gekookt hebben, ontdoet men ze van de schil en voegt ze bij versch gekookte aardappelen (Zie R. 171) nadat deze zijn afgegoten. Men stampt de aardappelen en tomaten door elkander, onder toevoeging van boter en zout naar smaak en wat gebakken uitjes. Men doet het gerecht vervolgens in een vuurvasten schotel of braadslee, bestrooit het met fijngestampte beschuit, zet hier en daar een kluitje boter en laat het gerecht in een matig verhitten oven staan, tot zich een mooi bruine korst heeft gevormd.

R. 426. **Panuien**. Men maakt uien schoon, snijdt ze en fruit ze in boter. Aardappelen worden fijngemaakt en met de uien dooreengemengd. Boter naar smaak. Men doet alles in een vuurvasten schotel, strooit er beschuitkruimels over, plaatst hier en daar een kluitje boter en laat den schotel in een matig verhitten oven staan, tot zich een mooie korst gevormd heeft. [136]

Hoofdstuk IX.

Slaschotels.

Het smakelijk aanrechten van slaschotels is voor een meer algemeene toepassing van het vegetarisme van het grootste gewicht. Hoe meer het eten van noten, vruchten en ongekookte kruiden en wortels toeneemt, des te meer zal het eten van vleeschspijzen, het misbruik van schadelijke prikkels als specerijen, azijn en zout en het drinken van alcoholische dranken afnemen. Maar dan moet men ook aan het aanrechten der slaschotels de noodige zorg besteden en met beleid te werk gaan. Men moet de aanwending van azijn vermijden, dien men door natuurlijk citroensap vervangt; toevoeging van zout zal men langzamerhand verminderen. Maar door toevoeging van prei of kervel, door peterselie of ander toekruid kan men den smaak van den gebruiker, die zijn scherpe ingrediënten in den sla mist, met goed gevolg, bevredigen.1

A. Eenvoudige slaschotels.

R. 427. **Aardappelsla**. Koude aardappelen worden aan schijfjes gesneden en begoten met een mayonnaise (zie R. 137[137]en 138) of met olie en citroensap aangemaakt als in de noot op bladz. 136 is aangegeven. Men voegt er wat fijngehakte peterselie aan toe.

R. 428. **Andijviesla**. Na zeer malsche andijvie goed gezuiverd te hebben, snijdt men ze fijn en wascht ze. Dan wordt ze begoten met een mayonnaise (zie R. 137 of 138) of met olie en citroensap aangemaakt als in de noot op bladz. 136 is aangegeven. Het verdient aanbeveling een paar fijngemaakte heete aardappelen aan de sla toe te voegen.

R. 429. **Bladselderijsla**. Men snijdt bleekselderij heel fijn, wascht ze zorgvuldig en laat ze dan op een vergiet goed uitlekken. Voeg er dan een paar fijngemaakte heete aardappelen bij en maak ze aan met slaolie, citroensap en een weinig soja. Nadat de sla goed vermengd is, laat men ze nog een uur staan, voordat men ze opdient.

R. 430. **Heerenboonen-, Princessenboonen-, Slaboonen-, Spergeboonensla**. Gekookte heeren-, princessen-, sla- of spergeboonen worden vermengd met een uitje en wat kervel, beide fijngehakt, wat soja en zout naar smaak en een paar fijngemaakte heete aardappelen. Daarna laat men ze nog een half uurtje staan en begiet ze dan met een mayonnaise (zie R. 137 of 138) of maakt ze aan met olie en citroensap als in de noot op bladz. 136 is aangegeven.

R. 431. **Koolsla**. Men neemt de binnenste gele bladeren van savoyekool, snijdt ze zeer fijn en wascht ze. Het hart der kool wordt op de komkommerschaaf zeer fijn gesneden. Men maakt deze sla aan met olie en citroensap, roert er een paar fijngemaakte heete aardappelen en een weinig zout door en laat ze na het aanrechten nog ongeveer een half uur staan, voordat men ze opdient. [138]

R. 432. **Komkommersla**. Rijpe komkommers worden, nadat er de uiteinden zijn afgesneden, wanneer die bitter worden bevonden, met een komkommerschaaf aan dunne schijfjes gesneden of ook wel met een sambalmesje aan dunne reepen, daarna met olie en citroensap aangemaakt (zie noot op blz. 136) of met een mayonnaise opgediend volgens R. 137 of 138, des verkiezende met wat fijngehakte peterselie.

N.B. Nog algemeen gebruikelijk is het aanmaken der komkommersla met *zout* en *azijn* en toch alleen aan deze prikkelende bijmengsels is het te wijten, dat de komkommers den naam hebben gekregen moeilijk verteerbaar te zijn. Zonder *zout* en *azijn* zijn ze dat niet, indien ze goed gekauwd worden.

R. 433. **Knolselderijsla**. Men kookt knolselderij als in R. 196 is voorgeschreven met zoo weinig mogelijk water. Zoodra ze gaar is of zoo goed als gaar, neemt men ze af, snijdt ze in schijfjes, als ze koud zijn en recht ze aan met olie en citroen als in de noot op blz. 136 is voorgeschreven. Desverkiezende kan men ze met schijfjes van aardappelen vermengen.

R. 434. **Kropsla**. Na de sla van de buitenste en van de stugge bladeren ontdaan en de malsche bladeren wat geplukt te hebben, wascht men ze herhaaldelijk en slaat ze dan uit in een slaëmmer of slamandje. Men maakt ze aan als in de noot op blz. 136 is voorgeschreven of dient ze op met een mayonnaise (R. 137 of 138).

R. 435. **Kroten- (bieten-) sla**. Na de bieten te hebben bereid volgens R. 198 snijdt men ze aan dunne schijfjes, mengt er wat fijngehakte peterselie door en maakt de sla aan met slaolie, citroensap en een weinig soja. [139]

R. 436. **Molsla**. Als men de molsla schoongemaakt en gewasschen heeft, wordt ze verder behandeld als de kropsla. Zie R. 434.

R. 437. **Roode-koolsla**. Men verwijdert de buitenste en stugge bladeren van de roode kool. De malsche bladeren worden zeer fijn gesneden, met een paar fijngemaakte heete aardappelen vermengd en met olie en citroensap aangemaakt: zie de noot op bladz. 136. Na het aanmaken laat men ze nog een uur staan, voordat men ze opdient.

R. 438. **Spinaziesla**. Men neemt zeer jonge, malsche spinazieblaadjes, die men goed uitzoekt, herhaaldelijk wascht en waarmee men verder handelt als in R. 434 voor kropsla is aangegeven.

R. 439. **Veldsla**. De punten en stelen snijdt men af, wascht ze goed en handele verder als bij R. 434 voor kropsla is voorgeschreven.

R. 440. **Witlofsla**. (Sla van Brusselsch lof). Na het lof zorgvuldig te hebben gewasschen, snijdt men het heel fijn en handelt daarna als in R. 429 voor bladselderij is voorgeschreven.

B. Gemengde slaschotels.

Vele dezer schotels leenen zich voor versiering bij feestelijke gelegenheden. Hier kan best samengaan de bekoring van het gezicht met smakelijkheid en de bevordering der gezondheid. Maar men verlieze niet uit het oog, dat goede spijsvertering hoofdzaak is en versiering slechts bijzaak, en dat groote bewerkelijkheid slechts nu en dan bij feestelijke gelegenheden te pas kan worden gebracht. [140]

R. 441. **Andijviesla met bieten**. Andijvie snijdt men heel fijn, wascht ze goed en laat ze uitlekken. Vervolgens neemt men gekookte bieten (Zie R. 198) en snijdt ze aan dunne schijven. Men maakt ze aan naar smaak met slaolie, citroensap en een weinig zout, mengt er dan wat fijngemaakte pas gekookte aardappelen door en laat ze nog een vol uur op een koele plaats staan voordat men ze opdient.

R. 442. **Appelsla I**. Men hakt drie groote appels niet te fijn, eveneens pinda's (aardnoten). De hoeveelheid pinda's mag niet grooter zijn dan de helft van de gehakte appels. Men mengt de gehakte appels en de gehakte aardnoten goed dooreen, roert er dobbelsteentjes oudbakken wittebrood door, giet er een passende vruchtensaus over (Hoofdstuk V. Afd. C.) en laat de sla een uur staan, voor men ze opdient.

R. 443. **Appelsla II**. Men neemt appels van gelijke grootte, steekt met de appelboor door den appel, totdat men haast de schil van onderen raakt, holt dan zoover mogelijk den appel uit, vermengt het vleesch, dat men uit den appel heeft gehaald na verwijdering van het klokhuis, met bleekselderij en hakt dat samen fijn. Men doet er vervolgens een paar lepels mayonnaise door, vult er de appels mee, zoodat het mengsel hoog boven de appels uitkomt. De appels worden daarna op een bed van waterkers geplaatst en opgediend.

R. 444. **Australische sla**. Gelijke hoeveelheden appelen en tomaten met een paar uien worden schoongemaakt en aan stukjes gesneden. Alles wordt goed door elkaar vermengd, zonder toevoeging van eenige saus. Men laat den schotel minstens drie uur lang op eene koele plaats staan, voor men hem opdient. [141]

R. 445. **Bladselderijsla (gemengde)**. Men neemt voor deze sla mooie, gele bleekselderij, snijdt ze goed fijn en wascht ze dan, waarna men ze laat uitlekken. Mooie rijpe tomaten worden even in kokend water gedompeld en dan van de schil ontdaan, daarna aan schijven gesneden en bij de selderij gevoegd. Pas gekookte aardappelen worden fijngemaakt en eveneens bij de sla gevoegd, evenzoo een paar hard gekookte eieren. Alles wordt nu dooreengeroerd, naar smaak met slaolie, citroensap, een weinig soja en een weinig zout aangemaakt. Daarna laat men de sla vóór het opdienen nog een uur op een koele plaats staan.

R. 446. **Boschbessenschotel met beschuit**. Men rangschikt in een vrij diepen schotel beschuiten en stort er de volgens R. 114 bereide boschbessensaus over, waarna men den schotel koud laat worden. Men kan het gerecht opdienen met geslagen room of met vanillevla volgens R. 158.

R. 447. **Boschbessenschotel met brood**. Men legt een laag geroosterd brood in een diepen schotel, daarover een laag goed gereinigde en gewasschen boschbessen, beurtelings voortgaande totdat men genoeg heeft voor het gebruik. Men besproeit den schotel rijkelijk met de citroensaus bereid volgens R. 146, die voor dezen schotel rijkelijk zoet moet wezen. Men laat den schotel minstens twee uur staan, voordat hij opgediend wordt.

R. 448. **Boschbessenschotel met melk**. Goed gereinigde en gewasschen boschbessen laat men op een vergiet uitdruipen, doet ze daarna in een diepen schotel en overgiet ze met koude melk, waarin donkerbruine suiker naar smaak is opgelost. Vóór het opdienen stelt men den schotel minstens een uur op een koele plaats. Er mag niet te [142]veel melk op zijn. Desverkiezende voegt men vóór het opdienen er beschuit aan toe.

R. 449. **Hovenierstersla**. Na komkommers, aardappelen, appelen, tomaten, bloemkool, peultjes of princessenboontjes enz. naar den aard der spijzen en naar eigen smaak rauw of gekookt te hebben toebereid, rangschikt men ze elk afzonderlijk op een ronden schotel in driehoeken, die met de toppunten in het middelpunt van den schotel samenkomen. De schotel wordt rondom gegarneerd met rauwe kropsla en met hardgekookte eieren overlangs in vierdeparten gesneden. Hier en daar plaatst men balletjes schijngehakt. (Zie R. 91).

R. 450. **Italiaansche sla**. Men neemt zooveel soorten van groente als het jaar oplevert, naar hun aard rauw of gekookt, bijv. rauwe andijvie, gekookte doperwtjes, rauwe jonge worteltjes en gekookte kroten, rauwe komkommerschijfjes en gekookte slaboontjes. Van de doperwten, de dunne schijfjes der jonge wortelen, dobbelsteentjes van kroten, de dunne schijfjes of reepjes der komkommers enz. bezigt men een deel voor garneering in vakken, waartoe men ook harde eieren gebruikt, overlangs in vierdeparten gesneden. Het overige van de groenten (doperwtjes uitgezonderd) en eenige harde eieren hakt men met eenige rauwe eieren fijn, voegt er de doperwtjes bij, roert door het mengsel een mayonnaise en vult er de vakken van den schotel mede.

R. 451. **Kokosnoot met geslagen room**. Na kokosnoot te hebben behandeld als is voorgeschreven in R. 329 doet men ze, nadat ze is geraspt, in een glazen schaal en roert er een genoegzame hoeveelheid geslagen room door, waarin men wat poedersuiker heeft gedaan. Men kan de schaal garneeren met aan stukjes gesneden geconfijte vruchten. [143]

R. 452. **Komkommersla (gemengde)**. Rijpe tomaten worden even in kokend water gedompeld, dan van de schil ontdaan en vervolgens aan schijfjes gesneden en gevoegd bij een schotel komkommersla, behandeld volgens R. 432. Men vermengt de komkommers met de tomaten, roert er zeer fijngehakte rauwe uitjes, wat gehakte peterselie en wat aan dobbelsteentjes gesneden oudbakken wittebrood door en maakt de sla aan met slaolie, citroensap, een weinig soja en een weinig zout. Terwille van de tomaten roert men voorzichtig.

R. 453. **Koolsla (gemengde) I**. Men neemt roode kool, witte en savoyekool, waarvan men alleen de malsche bladeren gebruikt, men snijdt ze fijn, elke soort afzonderlijk. Daarna plaatst men de verschillende soorten zoo op den schotel, dat zij een aangenaam gezicht opleveren. Men kan de kool aanmaken met olie en citroennat, maar dan een langen tijd laten staan (opdat de olie en het citroensap er goed intrekke) of met een warme botersaus met citroen.

R. 454. **Koolsla (gemengde) II**. Men ontdoet groene savoyekool van de buitenste bladeren, snijdt ze heel fijn, wascht ze dan goed en laat ze uitlekken. Men voegt er dan pas gekookte aardappelen aan toe, aan schijven gesneden, met wat gebakken uien. Men maakt deze sla aan naar smaak met slaolie, citroensap, een weinig soja en een weinig zout. Daarna laat men ze nog een uur staan op een koele plaats vóór het opdienen.

R. 455. **Kroten- (bieten-) sla (gemengde)**. Bij kroten- of bietensla, bereid volgens R. 435, voegt men nog wat geplukte blaadjes kropsla en een aantal koude aardappelen aan schijfjes gesneden voordat men ze aanmaakt als in R. 435 is voorgeschreven. Men laat de sla na het aanmaken nog een half uur staan, voor dat men ze opdient. [144]

R. 456. **Parijsche sla**. Men maakt een mayonnaise volgens R. 137 of 138, doet daarin aan stukjes gesneden tomaten (versch of ingemaakt), fijngesneden kropsla, warme gekookte aardappelen, in schijfjes gesneden, een weinig fijngehakte peterselie, een fijn gesneden ui, een klein weinig zout en mengt dan alles dooreen. Men versiert den schotel met schijfjes van tomaten en met een krans van peterselie.

R. 457. **Perzikensla**. Men ontdoet groote rijpe perziken van de schil, snijdt van het bovenste deel een stuk, groot genoeg om er de pit uit te kunnen halen; vult ze op met room.

R. 458. **Tomatensla I**. Na de tomaten te hebben gewasschen snijdt men ze in dunne schijven. Men bedekt ze met een mayonnaise, laat ze anderhalf uur zoo staan. Men maakt kropsla schoon, wascht en slaat ze uit zooals in R. 434 is voorgeschreven en vermengt ze dan met de tomaten.

R. 459. **Tomatensla II**. Men ontdoet rijpe tomaten van de schil, holt ze uit, zet ze een uur lang op een koele plaats (in koelen kelder of ijskast), vult ze daarna met een mengsel van fijngehakte noten en niet te fijn gehakte bleekselderij. Men zet elke tomaat op een afzonderlijk slablad en vult den schotel ter versiering aan met de gele binnenblaadjes der kropsla. Op elke tomaat doet men een theelepel slasaus (R. 140).

R. 460. **Tulpsla**. Men neemt kleine gladde tomaten. In elke tomaat maakt men 6 insnijdingen van boven af tot dicht aan den steel, zoodat de tomaten in zes gelijke deelen worden verdeeld, die van onderen aan de steel verbonden zijn. Van elk der deelen snijdt men het bovenstuk in de schuinte door, zoodat de tomaat zich als [145]een tulp opent. Op een schotel maakt men een bed van slabladeren. Waar een tomaattulp zal geplaatst worden, legt men twee lepels geslagen room met citroensap. Men garneere verder den schotel met plakjes komkommer als driehoekjes gesneden.

R. 461. **Vruchtensla I**. Rijpe tomaten worden geschild, met een scherp mes in zeer dunne schijven gesneden, en met citroensap bedruppeld (niet begoten). Daarna vermengt men de tomatenschijven met dunne schijven van appelen of peren. De appelen of peren moeten in kleinere hoeveelheid genomen worden dan de tomaten.

R. 462. **Vruchtensla II**. Men schilt zeer zachte appelen, snijdt ze in dunne schijfjes en vermengt ze met dunne schijfjes van sina'sappelen. Men voegt er suiker bij en een weinig water en laat ze daarna nog 3 à 4 uur staan, eer men ze opdient.

R. 463. **Vruchtensla III**. Men bereidt mooie doffe kastanjes volgens R. 302, maar laat ze na te zijn gedopt en gepeld met een weinig water en een kluitje boter *bijna* gaar koken. Een paar mooie rijpe tomaten worden even in kokend water gedompeld, van de schil ontdaan en aan schijven gesneden. Een aantal rijpe zure appelen worden eveneens aan schijven gesneden. Als de kastanjes koud zijn, worden ze met de appelen en tomaten vermengd onder toevoeging van de citroensaus, bereid volgens R. 146. Men laat den schotel nog een uur staan vóór het opdienen.

R. 464. **Zwitsersche Sla**. Men raspt een weinig Gruyèrekaas, mengt de geraspte kaas met mayonnaise (R. 137 of R. 138) en blijft 10 minuten roeren. Daarna moet men de kropsla, behandeld volgens R. 434, er goed doorroeren. [146]

1 Bij het aanmaken van slaschotels kan men gebruik maken van de mayonnaises, R. 137 en 138; maar wil men eenvoudiger, dan maakt men gebruik van slaolie en citroensap, waarbij door velen nog wat witte suiker gevoegd wordt (2 kleine theelepeltjes op een kleinen, 3 of 4 op een grooten citroen) met wat olie.

De eenvoudigste wijze van aanmaken is met citroensap en olie enkele bloemige aardappels fijnmaken en dit papje door den slaschotel mengen.

Hoofdstuk X.

Brood.

Sedert eeuwen en eeuwen is het brood het hoofdvoedsel geweest van de volkeren, die het meest van zich hebben doen spreken in de geschiedenis. De voorraadschuren van Egypte voorzagen niet alleen in de behoeften der Egyptenaren, maar ook in die der naburige volken.

De broodbereiding had evenwel in alle eeuwen en bij alle volken niet op dezelfde wijze plaats. Eerst werd de gisting, later het builen, dit laatste vooral in de negentiende eeuw meer en meer, zelfs op het platteland, algemeen.

Professor Graham (lees **greehèm** waarbij de **g** wordt uitgesproken als een zachte **k**) is de eerste geweest, die op overtuigende wijze heeft aangetoond, dat wij met het builen van het meel, de gisting van het deeg en met het toevoegen van zout aan het brood op den verkeerden weg waren. Toch had Graham zijn voorgangers al gehad. Reeds in de tweede helft der 15de eeuw had Thomas Tryon een werkje geschreven met den titel: "The way to health, long living and happiness" (de weg tot gezondheid, lang leven en geluk) dat later veel heeft bijgedragen om Benjamin Franklin, een der vroegste beoefenaars van het vegetarisme, voor het vegetarisch dieet te winnen.

Naar Graham wordt het ongerezen, uit ongebuild meel gebakken brood, Grahambrood geheeten.

Terecht of ten onrechte vreezen de meeste bakkers, dat als zij het brood zonder zout bakten hun klanten het niet eten [147]zouden, zoodat het op de meeste plaatsen moeilijk valt zich van brood zonder zout te voorzien.

Hun, die den tijd en de gelegenheid hebben hun brood aan huis te bakken, zij dringend aanbevolen, het zonder zout te beproeven. Zij kunnen een keus doen uit de volgende recepten:

A. Ongerezen brood.

R. 465. **Bereiding van Grahambrood naar het recept van Eduard Baltzer**. Drie liter ongebuild tarwemeel kneedt men met een liter lauw water tot een rekbaar deeg, dat niet meer aan hand of schotel blijft kleven. Men verdeelt het deeg in twee deelen en rolt elk deel op de plank snel heen en weer, zonder meel op de plank of op het deeg te strooien; dan wordt het deeg glimmend. Aan de beide deelen geeft men een langwerpigen broodvorm van 4 of 5 c.M. hoogte. Vervolgens legt men de brooden op een met meel bestrooide plank, bestrijkt ze met water en maakt er met den rug van een mes vier of zes lichte inkervingen in. Dan gaat het deeg naar den bakker, die het in een goed verhitten oven in één uur gaar bakt.

R. 466. **Bereiding van Grahambrood in Bosnië, naar de mededeeling van A. J. Domela Nieuwenhuis. (Tijdspiegel jaarg. 1883)**.

Tarwe wordt gezuiverd en grof gemalen. De gemalen tarwe wordt met kokend water aangemengd en met een zuiveren doek bedekt. Als na verloop van ongeveer een uur het mengsel genoeg is afgekoeld om met de handen gekneed te worden, wordt het deeg goed doorgewerkt. Dan vormt men er onmiddellijk brooden van, die bij gelijkmatige hitte dadelijk worden gebakken.

Op de aangegeven wijze kan het brood in den oven van een gewoon fornuis smakelijk worden gebakken. [148]

R. 467. **Bereiding van Grahambrood door Trappisten naar de mededeeling van Pastoor Sebastiaan Kneipp**. Men maakt van ongebuild tarwemeel met heet water een deeg, dat gedurende den nacht op een matige warme plaats moet blijven staan. Geen zuurdeeg of gist of zout noch eenige specerij mag met het deeg in aanraking komen. Den volgenden dag maakt men van het deeg kleine ronde brooden, legt ze in een heeten bakoven en laat ze er vijf kwartier of anderhalf uur in. Zoodra men het brood uit den oven heeft genomen, legt men het 3 of 4 minuten in kokend heet water, zoodat het geheele brood van water doortrokken is; dan legt men het nogmaals eenige minuten in den oven om het uit te laten drogen.

R. 468. **Toebereiding van Grahambrood volgens recept van Louis Kuhne**. Men neme 2½ kilo ongebuilde tarwe, giete er ongeveer 1½ liter koud water bij en menge het een en ander goed dooreen. Koud water is beter dan warm, daar de ondervinding leert, dat warm water het brood eerder in gisting doet overgaan en dat het brood aan smakelijkheid en voedzaamheid verliest, al wordt het brood er iets zachter door.

Vervolgens wordt het deeg in drie of vier gelijke deelen gedeeld en uit ieder deel een brood gevormd. Elk brood legge men op een droge dakpan1 met ongebuild meel bestrooid. De brooden moeten van boven flink met water worden bestreken en daarna ieder brood met de dakpan op een leegen bloempot in den oven worden gezet. De oven moet niet te heet en gelijkmatig verhit zijn. Onder het bakken mogen er geen andere spijzen in staan. Na een half uur, niet eerder, opene men den oven en draaie de voorzijde van het brood [149]naar achteren. Als men een kwartier later ziet, dat de bovenkorst gaar is, dan keere men de brooden om, daar dan de benedenkorst gewoonlijk nog zacht is. De brooden moeten zoolang in den oven staan, totdat zij bij het bekloppen met den vinger een hollen klank geven, wat na een half uur het geval zal zijn. Dan is het brood doorbakken en de korst niet te hard.

R. 469. **Bereiding van Grahambrood volgens recept I van J. Oscar Peterson in zijn kooktoestel.**2 Doe den avond vóór het bakken 1 kilo grof ongebuild tarwemeel in een schotel van de vereischte grootte; hoog het meel langs den rand van den schotel op, giet in het midden 1 liter kokend water, kneed het meel met het water tot een taai en gelijkmatig deeg, leg dit dan op een plank en kneed het zorgvuldig met zooveel meel (ongeveer ¼ kilo) dat het deeg goed vast wordt. Bestrijk nu de kookpan van Peterson's kooktoestel met amandelolie, doe het deeg er zoo in dat het den bodem en den rand van de kookpan goed aanraakt, leg het deksel er op en zet de pan in een kooktoestel om *op te koken*. Daarna neemt men ze er weder uit, wikkelt ze goed in een wollen deken en laat ze den nacht over staan om te rijzen, waarbij zich die zoete smaak ontwikkelt, welke door kenners zoo zeer op prijs wordt gesteld. Zet den volgenden morgen de pan weder in den kooktoestel om *op te koken*, laat ze 3 uur staan om gaar te worden, waarna men het brood uit de pan neemt en ter afkoeling zoodanig neerlegt, dat de wasem vrij kan ontwijken.

Het deeg moet vaster zijn dan het gewoonlijk is. Het mag niet te kort rijzen, want dan is het brood te zwaar; en niet te lang, want dan wordt het brood [150]droog en minder zoet en wanneer het veel te lang rijst wordt het brood zuur. Bij warme zomerdagen laat men het met een lichte bedekking den nacht over staan om te rijzen, zonder het eerst op te koken.

R. 470. **Bereiding van Grahambrood volgens recept II van S. Oscar Peterson.** Indien men iedere gisting wil vermijden dan neemt men koud in plaats van heet water en bakt het brood onmiddellijk gaar. Verder handele men als in R. 469 is voorgeschreven.

R. 471. **Bereiding van Grahambrood volgens recept van Carlotto Schulz.** Ongebuild tarwemeel wordt in lauwwarm water tot een week deeg gekneed, totdat het niet meer aan hand of schotel blijft kleven. Daarna dekt men het met een doek toe en laat het op een warme plaats wat rijzen. Vervolgens stort men het deeg op een schoone keukenplank en kneedt het nog eens flink. Hierna doet men het deeg in een blikken bakvorm, dien men met boter of olie heeft bestreken en zet het in een goed gesloten en flink verhitten oven. Om het springen van de bovenkorst te voorkomen geeft men met een houten pennetje of iets dergelijks eenige prikken in het brooddeeg.

Het brood moet niet langer dan twee uur in den oven staan.

Wil men een blanke korst op het brood hebben, dan moet men, nadat het brood een uur in den oven staat, de bovenkorst met water bestrijken.

R. 472. **Bereiding van Grahambrood volgens recept van G. A. Sels (Neue Heilkunst Jaarg. 1893).** Versch gemalen graan (één deel tarwe, één deel rogge, één deel witte en één deel gele maïs) wordt met zoo weinig mogelijk water gekneed. Daarna doet men het in broodvormen van ongeveer 12 c.M. hoog, 10 c.M. breed van onderen en 13 c.M. [151]breed van boven en 30 c.M. lang, die met zuivere olie van binnen bestreken zijn. Onder het bakken neemt men het brood er van tijd tot tijd uit en begiet men het aan alle zijden met water. Dat voorkomt de hinderlijke droge korst. Het brood behoudt zijn aroma, doordat de gassen niet kunnen ontwijken, tegengehouden door de laag olie en de metalen wanden van den vorm.

R. 473. **Zweedsch ongerezen knapbrood.** In noordelijk Zweden maakt men bij de boeren een vast deeg van ongebuild tarwemeel (met of zonder toevoeging van een weinig haver- of gerstemeel) en van lauw water, rolt er onmiddellijk koeken van, zoo dun als papier, en laat ze in een matig heeten oven bakken, wat in weinige minuten geschieden kan.

N.B. Men kan dit brood maanden lang bewaren.

B. Gerezen brood van ongebuild meel.

Men mag niet uit het oog verliezen, dat de rijpe droge graanvrucht geen natuurlijk voedsel voor den mensch is, dat tal van personen er bezwaar van hebben, dat zooals ADOLF JUST opmerkt de dieren de onrijpe boven de rijpe graanvrucht verkiezen en dat muizen, die de onrijpe graanvruchten geheel opeten, bij de rijpe het buitenste houtachtige omhulsel laten liggen. Dit houtachtige omhulsel is op kunstmatige wijze verwijderd bij het zoogenaamd Steinmetzmeel, dat in Duitschland in den handel is gebracht.

ADOLF JUST geeft in het recept, dat hier volgt, een middel aan de hand om een groot deel van dat houtachtig omhulsel af te zonderen en de suikervorming door een zwakke gisting (zonder opzettelijke aanbrenging van gist) te bevorderen.

Bij de beoordeeling van gerezen brood verlieze men vooral niet uit het oog, dat brood dat van den geheelen tarwekorrel [152]is gebakken wel te onderscheiden is van brood, dat gebakken is van bloem *met zemelen vermengd*. Als het graan gemalen is, gaan de zemelen al heel spoedig tot bederf over; daarom is het aanbevelenswaardig het graan slechts korten tijd vóór het bakken te malen. Worden nu oude d.i. *bedorven* zemelen door bloem of meel gewerkt, dan kan dat mengsel nooit een gezond, smakelijk brood opleveren.

R. 474. **Jungbornbrood naar het recept van Ad. Just**. Men zeeft de gebroken tarwekorrels door een haarzeef, zoodat de zemelen die bij het malen hebben losgelaten, afgezonderd worden. Nu neemt men lauwwarm water (één liter op 2½ kilo) en het vierde deel ongeveer van het meel. Dat deeg laat men 5 of 6 uur toegedekt op een warme plaats liggen, zoodat het iets begint te gisten. De warmte moet zoo sterk zijn, dat zich blaasjes op het deeg vormen, maar niet zoo sterk, dat het deeg zuur wordt. Men leert spoedig hoe sterk de warmte van het vertrek moet zijn. 's Zomers behoeft men het vertrek niet bijzonder te verwarmen. Het deeg behoeft dan ook op zijn hoogst 4 uur te staan. Nu vermengt men het deeg in zoete gisting met het overige van het deeg, dat men goed kneedt; want van het kneden hangt zeer veel af. Het deeg mag niet aan trog of kneedplank blijven kleven.

Nu brengt men het deeg in den vorm en legt den vorm op een tegel of bakblik, dat men te voren met meel bestrooid heeft.

Men laat het brood van een tot anderhalf uur op dezelfde warme plaats toegedekt staan. Als men dan op het deeg drukt en de ingedrukte plaats zich dadelijk daarop weer in den vorigen vorm herstelt, zet men het in den oven. Eerst bestrijkt men het brood door middel van een kwastje of van een zachten doek met lauwwarm water en schiet het daarop in den heeten oven, waarin [153]het brood 1½ of 2 uur moet bakken. Gedurende het bakken moet men telkens zich vergewissen, of het brood aan de eene zijde niet bruiner wordt dan aan de andere. Men regelt dat door de tegels of bakplaten te verschuiven of om te draaien. Om te weten of het brood gaar is, klopt men er met den knokkel op. Geeft het een hollen klank, dan neemt men het uit den oven en bestrijkt het nogmaals met lauw warm water.

Goed gebakken brood moet luchtig zijn, mag geen waterstrepen hebben, het brood mag niet holkorstig, en ook niet te hard van korst zijn en moet een helbruine kleur hebben.

Adolf Just voegt bij zijn recept den raad om geen rozijnen, dadels en dergelijke ingrediënten in het brood te doen, omdat er dat toe leiden zou te veel te eten, wat te allen tijde dient vermeden te worden.

R. 475. **Bruin brood volgens recept van Dr. T. R. Allinson**. Men neme 3¼ kilo zeer fijn gemalen ongebuild tarwemeel (bij molenaars en bakkers als "meel uit den zak" bekend); in het midden van het meel make men een kuil en giet daarin circa één liter lauwwarm water, waarin 15 gram beste gist is opgelost. Men vermenge dit langzaam tot een deeg dat goed gekneed moet worden en laat dit dan gedurende een uur bij het vuur rijzen. Daarna voege men er opnieuw een weinig lauwwarm water bij, desverkiezend wat zout naar smaak, knede het deeg nog eens flink dooréén en laat het opnieuw één uur bij het vuur rijzen. Daarna vult men de blikken er mede en laat het 1 à 1½ uur in een matig heeten oven bakken. Het brood moet goed gaar zijn.

R. 476. **Bereiding van ongebuild gerezen tarwebrood volgens recept van J. Oscar Peterson te bakken in zijn stoompan**3. Van [154]lauw water, ongebuild tarwemeel, een theelepel opgeloste gist en eenige fijngesneden vijgen of rozijnen wordt een deeg gemaakt, dat onmiddellijk in de kookpan gedaan, met het deksel toegedekt en in den te voren *niet* verwarmden oven gezet wordt, opdat het langzaam *opkookt* en daarna op de gewone wijze gaar bakt. Het opkoken moet in dit geval langzaam geschieden, opdat aan het deeg de noodige tijd gelaten worde om te rijzen. Voor het rijzen moet ook een ruimte overgelaten worden in de pan boven het deeg; het brood mag derhalve niet te groot gemaakt worden, want het zet tamelijk veel uit.

R. 477. **Zweedsch gerezen hard brood**. Ongebuild tarwe- of roggemeel of een mengsel van beide wordt met gist gekneed. Men bakt van dat deeg koeken ter dikte van een gulden en droogt ze daarna. Dit brood wordt in de steden van Zweden door alle standen gebruikt. Jammer is het, dat men om het deeg te laten rijzen zich dikwijls van bakpoeder bedient.

C. Gerezen brood van gebuild meel.

R. 478. **Wittebrood**. Op een kilo tarwebloem gebruikt men 100 gram gist, die men in lauwwarm water vloeibaar maakt. Het water mag niet te warm zijn, daar anders de gistcellen *sterven*. Heeft men het deeg ongeveer 10 minuten met een pollepel flink beslagen, dan schept men het op een schoonen doek, dien men met wat boekweitemeel bestrooid heeft. Ook op het deeg strooit men wat boekweitemeel. Vervolgens dekt men het met den doek dicht en laat het een paar uren op een warme plaats rijzen. Daarna doet men het deeg in een vorm, die met een weinig olie of boter bestreken is of men geeft, als het [155]zoo lang gerezen heeft, dat er "stand"4 in het deeg is, er den begeerden vorm aan, bestrooit het deeg nog wat met boekweitemeel en bakt het op een plaat, die ook met wat meel bestrooid is.

Het is vooral van belang, dat het deeg de meeste hitte van onderen ontvangt. Indien de inrichting van den oven dat niet toelaat, dan kan men eerst op het fornuis in een platte pan of in een ijzeren pot de onderkorst laten vormen, voordat men het brood in den oven plaatst. De oven moet goed heet zijn.

R. 479. **Krentenbrood**. Op drie gewichtsdeelen gebuild of ongebuild tarwemeel neemt men één gewichtsdeel krenten en één gewichtsdeel rozijnen zonder pitten, die herhaaldelijk moeten gewasschen zijn en van steentjes gezuiverd. Verder handele men als voor het bakken van gerezen tarwebrood is voorgeschreven in R. 475 of in R. 478.

R. 480. **Kerststollen van ongebuild tarwemeel**. Tot het bakken van kerststollen gebruikt men 2 kilo ongebuild tarwemeel, ½ liter lauwwarme melk, 125 gram boter, 750 gram rozijnen, 50 gram gist, opgelost in lauwwarm water, waarbij men nog voegt het lauwwarm gemaakte water van de den vorigen dag te weeken gezette rozijnen en zooveel lauw water als men voor een week deeg noodig heeft. Men laat het deeg zoo lang rijzen, totdat er "stand"4 in is, geeft er dan den stollenvorm aan en laat het in een flink gestookten oven gaar bakken.

R. 481. **Kerststollen van tarwebloem**. Men neme 3 kilo zuivere bloem, 200 gram gist in lauwwarm water opgelost, ½ [156]liter lauwwarme melk, 1½ kilo rozijnen zonder pitten, ½ kilo amandelen, eerst in heet water gebroeid om ze gemakkelijk van de schil te ontdoen en dan fijngemalen, 1 kilo roomboter, 250 gram sucade. Nadat het deeg goed beslagen is, laat men het rijzen totdat er "stand" (zie noot op bladz. 155) in gekomen is, geeft er dan den stollenvorm aan en bakt het in een flink gestookten oven. [157]

1 Men kan natuurlijk even goed van een ijzeren plaat of van een bakblik gebruik maken. E. M. V.

2 Natuurlijk kunnen ook andere stoompannen dan die van Peterson ter bereiding van dit brood gebruikt worden. E. M. V.

3 Zie Noot op bladz. 149. E. M. V.

4 "Stand in het deeg" beteekent, dat het deeg heeft opgehouden te rijzen en den vorm blijft behouden, dien men er aan geeft.

Hoofdstuk XI.

Nagerechten.

Elke nieuwe beweging is genoodzaakt rekening te houden met bestaande vooroordeelen, met zede en gewoonten. Ware dat niet het geval, dan zou dit hoofdstuk niet getiteld zijn: "Nagerechten".

Hoe menigmaal wordt een kind beknord, omdat het de handen uitsteekt naar vruchten of naar zoetigheid, voordat het zich verzadigd heeft aan andere spijzen, aan boonen, erwten, brood of gekookte meelspijs bijvoorbeeld. Een zorgzame moeder ontneemt het kind zijn lekkers, dat het pas terugkrijgt, als het van zijn andere spijzen genoeg zal hebben gegeten; dat "genoeg" te beoordeelen door de moeder. Niet als de dieren, die het eerst naar het lekkerste happen en dan het minder smakelijke laten liggen, mag het kind doen. En toch die dieren en die kinderen hebben gelijk, niet omdat zij meer doordenken dan de zorgzame moeder, maar omdat zij in hun onnadenkendheid natuurlijker handelen dan de moeder, wier denken en doen beheerscht wordt door de bezorgdheid, dat haar lieveling te weinig voedsel zal binnenkrijgen.

Och, die bezorgdheid, dat wij en degenen, aan wie wij ons verwant gevoelen, niet genoeg zullen krijgen, wat heeft ze de menschheid al parten gespeeld!

Men verhaalt, dat apen somwijlen hun kinderen met zoo'n onstuimigheid omhelzen, dat zij het jong dooddrukken. Of het waar is, valt te betwijfelen, maar dit staat vast, dat vele menschen [158]niet minder dom handelen, als zij door overvoeding hun eigen leven of dat hunner kinderen verwoesten. En weer zij de lezer gewezen naar het geschrift van Dr. Paczkowski, getiteld: Zelfvergiftiging van het lichaam als oorzaak van ziekten.

De zorgzame moeder, die haar kind vruchten of zoetigheid ontneemt, totdat het genoeg gegeten zal hebben, is bezig om haar kind te overvoeden. Ze legt dusdoende den grond voor de *gewoonte* van overvoeding bij haar kind, en daarmee tevens voor alle kwalen, die Dr. Paczkowski in zijn werkje beschrijft. En wij allen, die nog meedoen aan de zede om het lekkerste het laatst te eten, wij spelen met vuur en wij doen verkeerd door ons voorbeeld die zede te bestendigen. Maar het breken met bestaande vooroordeelen en gewoonten is moeielijk en het zal al een stap voorwaarts zijn, als meer algemeen wordt ingezien en oprecht beleden, dat de kinderen gelijk en dat wij ongelijk hebben als zij het lekkerste *het eerst* en wij de vruchten *het laatst* eten. Laten wij tenminste de kinderen hun vrijheid daarin laten en als wij hun het redelijke doen beseffen van hun wijze van doen, dan zal het met die zede ook gauw gedaan zijn.

Verder zij ook hierop het streven gericht, dat nagerechten, met vruchten of vruchtensappen bereid, niet moeten dienen om vruchten te vervangen, maar dat ze den trek naar vruchten sterker moeten doen worden.

A. Warme puddingen.

R. 482. **Amandelpudding (warme)**. Men laat ½ liter melk koken, terwijl men 250 gram bloem of meel met ½ liter water aanmengt. De aangemengde bloem roert men door de kokende melk onder toevoeging van 60 gram boter. Men kan den pudding verzoeten door toevoeging van 60 gram suiker of op een andere wijze en er wat geraspte citroenschil bijvoegen.

Nadat het mengsel ruim een kwartier op een zacht vuur heeft staan trekken, neemt men het van het vuur [159]en laat het bekoelen, voegt er vervolgens 500 gram fijngesneden amandelen bij, 60 of 65 gram geraspt brood en 4 eierdooiers. Als alles goed door elkaar geroerd is, roert men er nog het stijfgeklopt eiwit door, doet het deeg in een vorm, die met boter of olie bestreken en met beschuitkruimels bestrooid is en laat den pudding 1½ uur koken.

R. 483. **Broodpudding I**. 600 gram oudbakken brood wordt geraspt; de korstjes in kleine stukjes gesneden en in weinig water geweekt. Zeven eieren worden geklopt en met 180 gram suiker vermengd of op andere wijze verzoet, daarna bij de geweekte korsten en het geraspte brood gevoegd. Na het goed met den pollepel te hebben doorgeroerd, doet men het deeg in een met boter bestreken vorm en laat het een uur koken.

R. 484. **Broodpudding II**. Wittebrood, waarvan men de korst heeft afgesneden, wordt aan dunne sneedjes gesneden, met boter gesmeerd en in een platten vorm gelegd. Afwisselend legt men een laagje brood en een laagje goed gewasschen krenten en rozijnen. De bovenste laag moet natuurlijk brood zijn. Daarna wordt alles gedrenkt met een vanillesaus (zie R. 158) en in een matig warmen oven gezet. Men kan de vanillesaus ook vervangen door een melksaus of een vruchtensaus.

R. 485. **Chocoladepudding**. Men zet ½ liter melk te vuur en roert terwijl 250 gram bloem met ½ liter water aan. Als de melk kookt, roert men het water en meel door de melk. Nadat deze brij ruim een kwartier op een zacht vuur heeft staan trekken, roert men er 60 gram boter en wat geraspte citroenschil en daarna 250 gram chocolade door. Daarna neemt men ze van het vuur en laat ze koud worden, voegt er vervolgens 6 eierdooiers [160]bij en eindelijk voorzichtig het stijfgeklopte eiwit. Vervolgens doet men het deeg in een met boter bestreken en met beschuitkruimels bestrooiden vorm en kookt het 1½ uur.

R. 486. **Kastanjepudding**. Deze wordt op dezelfde wijze bereid als amandelpudding (zie R. 482) met dit onderscheid, dat men in plaats van 500 gram amandelen er 500 gram geschilde, gepelde fijngemalen kastanjes doorroert met nog 60 gram fijngesneden amandelen.

R. 487. **Macaronipudding**. Macaroni, in stukken gebroken, wordt zacht gekookt. Men laat het deeg koud worden, doet er fijngesneden amandelen en 2 of 3 eierdooiers door, roert er voorzichtig het stijfgeklopte wit der eieren door, doet het deeg in een met boter bestreken en met broodkruimels bestrooiden vorm en laat het vijf kwartier koken. Men gebruikt een der vruchtensausen van Hoofdstuk V Afd. C.

R. 488. **Rijstepudding**. In 1 liter kokende melk stort men 250 gram rijst, voegt er 50 gram boter bij en verzoet ze met 100 gram suiker. Als ze goed is uitgedijd, neemt men ze van het vuur en laat ze koud worden. Dan voegt men er 50 gram fijngesneden amandelen en 2 eierdooiers bij, roert het deeg goed om en roert er daarna voorzichtig het stijfgeklopte wit door. Dan doet men het deeg in een met boter bestreken en met broodkruimels bestrooiden vorm en laat het een uur koken.

Men eet den pudding met een der vruchtensausen als in Hoofdstuk V. Afd. C. beschreven.

R. 489. **Sagopudding**. Een liter half water, half melk, laat men koken, roert er 175 gram bruine sago door, 50 gram boter, verzoet het met 30 gram suiker en voegt er desverkiezende [161]een geraspte halve citroenschil aan toe. Nadat de sago goed uitgedijd is, neemt men ze van het vuur en laat ze koud worden, roert er 3 eierdooiers en 30 gram fijngesneden amandelen door en doet het deeg in een met boter bestreken en met broodkruimels bestrooiden vorm, en laat het een uur koken.

Men eet den pudding met een der vruchtensausen, volgens Hoofdstuk V. Afd. C. bereid.

R. 490. **Vruchtensappudding (warme)**. Men snijdt 500 gram oudbakken wittebrood in dunne reepen, die men laat doortrekken met sap van kersen of aardbeien of bessen enz.; maar zoo, dat ze alleen maar doortrokken zijn (niet dat men ze kan uitdrukken). Men roert 8 eierdooiers met 300 gram sultanarozijnen, 80 gram fijngesneden zoete amandelen, 2 lepels geraspt brood en 125 gram gesmolten boter met het met vruchtensap doortrokken brood door elkaar. Daarna roert men er voorzichtig het stijfgeklopte wit der eieren door, doet het deeg in een met boter bestreken en met meel bestrooiden vorm en laat het een uur koken.

Voordat men den pudding uit den vorm neemt, laat men dien eenigen tijd in koud water afkoelen.

R. 491. **Zakkoek (Ketelkoek, Jan in den zak) I**. Men beslaat 500 gram bloem, 250 gram rozijnen, 250 gram krenten, 3 eieren met wat lauwwarm water en melk, waarin 50 gram gist is opgelost. Men kan er wat sucade aan toevoegen. Nadat het deeg een uur gerezen heeft, doet men het in een zuiveren linnen doek of zak, dien men van binnen met boter heeft gesmeerd en een handbreed boven het deeg toebindt. Vervolgens zet men den doek of zak met het deeg in een pan lauwwarm water op een zacht vuur, keert hem na 1½ uur kokens om en laat hem weder zoo lang koken. Onder het koken verzuime [162]men niet den koek gedurig naar de hoogte te lichten, totdat hij drijft, om te beletten, dat hij zich aan den bodem van den ketel vastzet. Men kan ook een bord op den bodem van den ketel leggen om het aanzetten te voorkomen.

Aanmerking. De zeevarenden spreken bij voorkeur van zakkoek. Sommige personen spreken tegenwoordig alleen dan van ketelkoek, als het deeg in een vorm in plaats van in een zak of doek wordt gedaan; vroeger noemde men alle puddingen ketelkoek of koek op den ketel.

R. 492. **Zakkoek (Ketelkoek, Jan in den zak) II**. Twee honderd gram bloem en 200 gram boekweit- of gruttemeel wordt beslagen met twee eieren, een kleine hoeveelheid gist, 100 gram krenten, een paar lepels suiker en een lepel boter. Nadat het beslag goed gerezen is, wordt het in een vorm gedaan, die met boter besmeerd en met beschuit bestrooid is. Vervolgens doet men den vorm in een pan met lauw water, en laat hem een paar uren goed koken. Als men den vorm uit het kokende water heeft genomen, neemt men er het deksel af en zet den koek nog even met den open vorm in een matig verhitten oven om op te drogen. De pudding wordt gegeten met suiker en desverkiezende met een stukje boter.

R. 493. **Zwampudding**. Men beslaat 70 gram tarwebloem, 70 gram suiker en 70 gram boter, met 7 goed geklopte dooiers in ½ liter lauw water. Het wit, tot schuim geklopt, wordt door het beslag geroerd, het beslag dan dadelijk in een kleinen vorm gedaan, die te voren met boter besmeerd en met beschuit bestrooid is. Met zet den vorm in lauw water op een matig vuur en laat den pudding een half uur koken. [163]

B. Koude puddingen.

Voor vruchtenpudding kan een vegetariër natuurlijk geen gebruik maken van gelatine. De agar-agar,1 uit zeewier bereid, doet minstens even goede diensten en heeft daarenboven het voordeel goedkooper te zijn.

R. 494. **Aardbeienpudding**. In kokend water laat men frambozenstroop of sap van versche frambozen met suiker koken. In het kokende vocht stort men de uitgezochte, schoongemaakte en goed gewasschen aardbeien. Nadat ze een oogenblik slechts hebben gekookt, neemt men ze van het vuur en laat ze afkoelen. Middelerwijl heeft men agar-agar, na ze eerst bij herhaling te hebben afgespoeld en goed te hebben gewasschen door drukking van het ingezogen water bevrijd en daarna opgelost in warm water, dat men bespoedigt door de agar-agar klein te snijden en gedurende het oplossen te roeren. Is de agar-agar opgelost, dan giet men ze door een zeef om de onopgeloste deeltjes achter te houden en vermengt ze daarna voorzichtig met de aardbeien. Nu en dan roert men voorzichtig, totdat het mengsel stijf begint te worden en de aardbeien zich niet meer opeenhoopen. Vervolgens doet men het mengsel in een steenen vorm. Men rekent op een liter vocht een stang agar-agar.

R. 495. **Aalbessenpudding**. Na de aalbessen goed gewasschen en gerist te hebben, zet men ze op in kokend water, laat ze even doorkoken en wrijft ze vervolgens door een zeef. Men voegt er wat frambozenstroop en de noodige suiker aan toe en bindt ze met opgeloste agar-agar gelijk in R. 494 is voorgeschreven, waarna men ze in een steenen vorm giet. [164]

R. 496. **Abrikozenpudding**. Na versche abrikozen gewasschen, gehalveerd of in vierdeparten gedeeld en van de pitten bevrijd te hebben, brengt men ze in heet water aan de kook. Als ze zacht genoeg zijn, worden ze door de zeef gewreven en met agar-agar gebonden op de wijze als in R. 494 is aangegeven. Daarna wordt de pudding in een steenen vorm gegoten.

R. 497. **Amandelpudding (koude)**. Men kookt melk met de noodige suiker en het geraspte geel van een citroen en stort er dan al roerende het griesmeel in (100 gram griesmeel op één liter melk). Is de brij dik genoeg dan roert men er de gesneden amandelen door (80 gram op één liter melk) en de eierdooiers van twee eieren. Daarna voegt men er nog het stijfgeklopte wit van de eierdooiers bij en giet de brij in een steenen vorm, die met koud water is omgespoeld.

R. 498. **Ananaspudding**. De ananas wordt, wanneer ze versch is, van de schil ontdaan en uitgepit. Als de ananas uitgepit is, snijdt men ze in kleine vierkante stukjes. Men kookt 2 liter melk en als deze kookt, doet men er ¼ liter room bij. Als de melk met den room opnieuw kookt, stort men er de fijngesneden ananas in. Zoodra de melk weer kookt, neemt men ze onmiddellijk van het vuur, anders zou de ananas haar smaak verliezen. Middelerwijl het mengsel bekoelt, smelt men de agar-agar en handelt verder als in R. 494 voor het bereiden van aardbeienpudding is voorgeschreven.

R. 499. **Appelpudding**. Zure appels, gekookt volgens R. 267 of 272, worden met heet water door een zeef gewreven. Men voegt er citroensap en suiker naar smaak aan toe en bindt het moes met agar-agar op de wijze als in R. 494 is voorgeschreven, dat dan in een steenen vorm wordt gegoten. [165]

R. 500. **Chocoladepudding**. Van een liter melk zet men 8 deciliter op het vuur, mengt de 2 deciliter koude melk met 40 gram cacaopoeder en 60 gram suiker en voegt dit mengsel bij de kokende melk, die men daarna al roerende nog een paar minuten laat doorkoken. Men bindt daarna de melk met agar-agar op dezelfde wijze als in R. 494 is voorgeschreven en giet den pudding in een steenen vorm.

R. 501. **Citroenpudding**. Men perst eenige citroenen, raspt voorzichtig de schil van een of meer citroenen, zoodat men het wit niet raakt, voegt dat bij het sap, lengt het sap aan met water, voegt er suiker naar smaak aan toe, kookt het vervolgens en als het genoeg is afgekoeld, roert men er de dooiers van een paar eieren door, bindt het nat vervolgens met agar-agar zooals is voorgeschreven in R. 494 en roert er eindelijk het geklopte eiwit door, waarna men het vocht in een steenen vorm giet.

R. 502. **Citroenrijst. (Riz glacé)**. In een liter water, waarin men de geraspte schillen van twee citroenen doet, laat men 125 gram rijst (na ze zoo gewasschen te hebben, dat het laatste waschwater volkomen helder blijft,) gaar koken zonder er in te roeren. Dan roert men er het sap van vier citroenen met 250 gram witte suiker door. Men doet de rijst op een schotel, waarin ze afkoelen moet. De schotel moet van een deksel voorzien zijn, als men de rijst mooi glanzig wil hebben. Die glans mist ze ook als men ze in een vorm doet.

R. 503. **Dadelpudding**. Dadels behandelt men als in R. 278 is voorgeschreven. Als ze even hebben doorgekookt, giet men het nat er af, dat men opnieuw aan den kook brengt en met maizena tot puddingdikte bindt. Als het [166]wat is afgekoeld, roert men er voorzichtig de dadels door, voordat het vocht te stijf is en doet ze daarna in een of meer glazen of steenen vormen. Is de pudding koud, dan doet men er geslagen room of een vanillevla overheen.

R. 504. **Frambozenpudding**. Men volgt geheel R. 494 behalve dat men in plaats van aardbeien frambozen neemt. Het sap der frambozen of de frambozenstroop dient hier alleen om de kleur gelijkmatig te maken.

R. 505. **Griesmeelpudding**. Men volgt R. 497 behalve dat men de amandelen weglaat. Men dient den pudding op met een der sausen van Hoofdstuk V. Afd. C.

R. 506. **Kaapsche wolken**. Het wit van 12 eieren wordt stijf geklopt, waardoor men heel voorzichtig wat geraspte citroenschil doet. Men zet een liter melk, die men naar smaak zoet met toevoeging van wat vanille en een snuifje kaneel, op het vuur. Als de melk kookt, doet men het tot sneeuw geklopte eiwit er in en haalt het met de schuimspaan er terstond weer uit, laat het even uitlekken en plaatst het op een schotel, dien men eerst met heet water warm heeft gemaakt. Dan bindt men de melk met maizena tot een dikke saus, waardoor men dan voorzichtig de dooiers van 5 eieren roert. Men giet de saus om het gestolde eiwit heen. Men kan de saus garneeren met kersen of aardbeien, rozijnen en gemalen amandelen.

R. 507. **Karnemelkpudding**. Men zet 3 liter karnemelk op het vuur, waarin men telkens roert om het klonteren te voorkomen. Men zoet ze naar smaak met bruine suiker. Verder voegt men er wat gerapt geel van een citroenschil in en wat vanille. Als alles goed heeft doorgekookt, [167]zet men de melk van het vuur en lost agar-agar op met inachtneming van hetgeen daaromtrent wordt meegedeeld in R. 494.

R. 508. **Kersenpudding**. Na de kersen van de stelen ontdaan en gewasschen te hebben volgt men verder R. 494.

R. 509. **Kokosnootpudding**. Na uit de kokosnoot het water te hebben verwijderd, ontdoet men ze van den harden bast, schilt er heel dun het bruine schilletje af en snijdt de noot in stukken, die men op een rasp met staande pinnen raspt of met een amandelmolen fijnmaalt. Men zet drie liter melk te koken, waarin men zooveel Javaansche suiker laat oplossen, dat ze heel zoet is. Kookt de melk, dan roert men er de geraspte noot door. Middelerwijl heeft men evenveel pijpen agar-agar als er liter vocht is (de gesmolten agar-agar mede te rekenen) in stukjes gebroken en in koud water goed gewasschen. De agar-agar wordt dan goed uitgeknepen en met ongeveer een liter water op een zacht brandend vuur gezet om te smelten. Hiervoor is het water uit de kokos in de eerste plaats aan te bevelen. Men laat het vocht doorkoken totdat alle stukjes van de agar-agar zijn opgelost. Om dat te bevorderen roert men er telkens in met een houten lepel. Is de agar-agar geheel opgelost, dan roert men ze door de melk met kokos en voegt zoo noodig er nog wat suiker aan toe.

Voordat men de pudding in den vorm of de vormen doet, overtuige men zich of de berekening van het aantal benoodigde pijpen agar-agar wel nauwkeurig is geschied, door een weinig van het mengsel in een kopje te doen en het in koud water te zetten. Wordt het goed stijf in het kopje, dan kan men de puddingbrij in den vorm gieten. Is het niet stijf genoeg dan gisse men hoeveel agar-agar nog dient te worden opgelost. Bij [168]puddingen met agar-agar make men den vorm vóór het ingieten *niet* eerst nat. Nadat de pudding in den vorm is gegoten, zet men hem op een koele plaats.

R. 510. **Kruisbessenpudding**. Nadat de kruisbessen schoongemaakt en gewasschen zijn, worden ze gekookt. Zijn ze zacht genoeg, dan worden ze door een zeef gewreven. Dan vermengt men ze met citroensap en een geklopt ei en handelt vervolgens als in R. 494 is voorgeschreven.

R. 511. **Kwee talam**. Uit geraspte of gemalen kokosnoot (zie R. 329) wordt op de volgende wijze *santen* bereid. Men wascht de geraspte kokosnoot met weinig water in een steenen kom tweemaal goed uit, daarna wordt ze goed uitgeperst. Het verkregen vocht noemt men *santen*.

Het grootste deel van de santen van een kokosnoot met het grootste deel van het nat er van, waaraan opgeloste bruine Javaansche suiker wordt toegevoegd wordt met half zooveel melk opgekookt en met maizena gebonden. Men blijft er in roeren tot het behoorlijk dik is en van de pan loslaat.

Daarna wordt het in een aarden schotel gestort, die men eerst met boter besmeerd heeft, waarin het kan bekoelen.

Vervolgens kookt men de overgebleven santen en het overgebleven kokosnat met een hoeveelheid melk en een weinig zout. Men bindt dit vocht met maizena. Als de maizena gaar is stort men deze witte laag over de bruine. Zijn beide lagen behoorlijk afgekoeld, dan snijdt men de kwee talam in ruitvormige stukken.

R. 512. **Maizenapudding**. Men kookt $\frac{4}{5}$ liter melk met het geraspte geel van een citroen en met suiker naar smaak, mengt 100 gram maizena met ⅕ liter koude melk aan en giet dat al roerende in de kokende melk. Verder [169]handele men als in R. 497 voor amandelpudding is voorgeschreven met weglating echter van de amandelen.

R. 513. **Perenpudding**. Nadat de peren geschild en gewasschen zijn, worden ze van de klokhuizen ontdaan, in kleine stukjes gesneden en in ruim water 2 à 3 uur gekookt. Men wrijft ze met warm water door de zeef, voegt er citroensap, frambozenstroop en suiker naar smaak aan toe, bindt ze vervolgens met agar-agar en giet ze in een vorm als in R. 494 is voorgeschreven.

R. 514. **Perzikenpudding**. Men volgt het recept voor abrikozenpudding (R. 496).

R. 515. **Roompudding**. Men kookt ½ liter melk, voegt 100 gram amandelen, die men gebroeid, gepeld en fijngesneden heeft, bij de kokende melk, evenzoo de geraspte schil van den citroen en suiker naar smaak. Als men daarna de melk heeft gebonden met agar-agar (zie R. 494) dan roert men er ten laatste ½ liter room door en giet het mengsel in een steenen vorm.

R. 516. **Sina'sappelpudding**. Men perst vier of vijf sina'sappels en één citroen uit, raspt verder de schil van een citroen en een sina'sappel voorzichtig af, zoodat het wit niet wordt geraakt. Het sap en de geraspte schillen, met water aangelengd en met suiker naar smaak verzoet, zet men op het vuur. Wanneer het gekookt heeft, laat men het afkoelen, roert er de dooiers van een paar eieren door, bindt het nat met agar-agar, zooals is voorgeschreven in R. 494 en roert er eindelijk het geklopte eiwit der eieren door, waarna men het vocht in een steenen vorm giet. [170]

C. Taartenkorst, glazuur.

R. 517. **Bladdeeg**. In koud zuiver water kneedt men 500 gram zuivere roomboter en droogt ze daarna met een zuiveren linnen doek af. Dan verwerkt men 250 gram meel door de boter, die men daarna op een bord legt, dat men bij warm weer op ijs zet. Vervolgens bereidt men een deeg uit 250 gram bloem, 1 ei en niet meer water dan noodig is om een zeer stevig deeg te bereiden. Op een plank, met meel bestrooid, legt men het deeg, dat men met een korstrol dun uitrolt. Op het uitgerolde deeg legt men nu de harde boter, slaat het deeg over de boter over elkaar, rolt het luchtigjes uit, slaat het deeg weder over elkander, rolt het weder uit en gaat daarmede voort, het deeg telkens met de linker- en rechterzij over het middendeel slaande en telkens weer uitrollende; dit moet *minstens* 6 keer zijn geschied.

R. 518. **Bladdeeg II**. Neem 200 gram bloem en 200 gram zuivere roomboter. Kneed 130 gram bloem met 65 gram boter. Bestrooi kneedplank en rol met bloem. Rol het deeg dun uit en leg er een gedeelte van de overgebleven boter op. Vouw den lap deeg in drieën, zoodat het rechter- en linkerdeel op het middelste gedeelte komt te liggen. Rol den lap deeg opnieuw dun uit, telkens plank en rol met meel bestrooiende en boter op het uitgerolde deeg doende, totdat boter en meel verbruikt zijn.

R. 519. **Taartendeeg I**. Men kneedt 250 gram boter, 125 gram suiker en 375 gram gezeefde tarwebloem en 2 eieren tot een stevig deeg, dat men met een korstrol op een met bloem bestrooide plank breed uitrolt. Mocht het deeg onder de bewerking te slap worden, dan legt men het een kwartier of een half uur op een koele plaats. Is het deeg te vast, dan doet men er nog wat boter bij. [171]

R. 520. **Taartendeeg II**. Men kneedt 200 gram boter, 100 gram suiker en 250 gram gezeefde tarwebloem met drie rauwe eieren en vier fijngewreven harde dooiers van gekookte eieren tot een stevig deeg en handelt verder met het uitrollen als in R. 519 wordt voorgeschreven.

R. 521. **Taartendeeg III**. Men roert 125 gram boter tot schuim en mengt er bij 125 gram gebroeide fijngesneden amandelen, 125 gram suiker en 200 gram meel. Het deeg wordt (op een klein gedeelte na) in een taartenvorm gedaan. Men legt er vruchtenmoes in en van het achtergehouden deeg vormt men reepen, waarmede men de taart kruiswijze belegt. Met boter bestreken wordt hij in den oven gezet.

R. 522. **Glazuur I**. Men neemt 120 gram poedersuiker, wrijft er eerst de klontjes uit en vermengt ze met één eiwit en eenige droppels citroensap. Dit deeg wordt gelijkmatig over de taart verdeeld.

R. 523. **Glazuur II**. Bij het sap van twee of drie citroenen, dat men door een fijne zeef gewreven heeft, voegt men poedersuiker, die men in een porseleinen vijzel met een stamper, dien men alleen voor dat doel gebruikt, fijnwrijft. Men voegt telkens slechts kleine hoeveelheden poedersuiker bij het citroensap. Als het mengsel gelijktijdig wit is en dikke draden vormt is het glazuur gereed. Men verdeelt het gelijkmatig op de kaart.

D. Struif, taarten en andere gebakken.

R. 524. **Aardappelpannekoeken**. Men maalt of raspt een hoeveelheid rauwe groote aardappels, waarbij men evenveel lepels bloem voegt als er aardappelen geraspt zijn. De lepels bloem neme men niet opgehoopt, maar gelijk vol. [172]Men neemt zooveel eieren als het halve aantal aardappels en maakt van een en ander een dik beslag. Door dit beslag roert men wat fijngehakte uitjes, peterselie en een weinigje kervel en selderij. Mocht het beslag te dik zijn dan verdunt men het met wat water.

Van dit beslag bakt men kleine pannekoeken in boter of plantenvet. Bij het opdienen garneere men ze met wat doperwtjes in takjes peterselie.

R. 525. **Aardappelpannekoeken (gevulde)**. Men handelt bij het maken van het beslag geheel als in R. 524 is voorgeschreven. Van het beslag giet men een weinig in de pan op de boter of het plantenvet, laat het naar alle kanten uitloopen, spreidt gelijkmatig een hoeveelheid champignonragout (zie R. 76) er over en giet dan weer beslag er over. Is de pannekoek van onderen bruin, dan keert men hem en laat de andere zijde bakken zoo noodig onder toevoeging van boter of plantenvet.

R. 526. **Aardbeientaart**. Een met boter bestreken vorm belegt men met een taartendeeg volgens R. 519, 520 of 521 op die wijze, dat ook de wanden van den vorm bedekt zijn. Na het deeg met beschuitkruim bestrooid te hebben om het vocht der vruchten op te nemen, belegt men het met aardbeien, waarover men suiker naar smaak strooit. Vervolgens legt men een deksel van het deeg er over, bestrijkt de taart met boter, waarop men nog wat poedersuiker strooit en bakt de taart in een oven met matige hitte.

Voor het geval, dat men aan het deeg of den vorm beschreven in R.521 de voorkeur geeft, moet men na het bakken de kruisgewijze openingen met versche aardbeien vullen.

R. 527. **Abrikozenkoek**. Bij 125 gram gesmolten boter voegt men [173]onder gestadig roeren (bij tusschenpoozen) langzaam aan 8 eierdooiers, daarna steeds roerende 120 gram suiker en mengt er vervolgens het dikgekookte moes van 1 liter abrikozen bij en eindelijk 5 lepels geraspt brood. Als alles goed dooreen is geroerd, roert men er voorzichtig het tot schuim geklopte wit door, doet het deeg in een vorm met boter bestreken en met meel bestrooid, dien men in een matig verhitten oven zet. De koek is in drie kwartier gaar.

R. 528. **Abrikozentaart**. Een met boter bestreken vorm belegt men met taartendeeg R. 519, 520 of 521 zoo dat ook de wanden van den vorm er mee bedekt zijn. Het deeg belegt men met abrikozenmoes, waarop men suiker naar smaak strooit en vervolgens legt men nog een deksel van taartendeeg er over. Men bestrijkt de taart met boter, waarop men wat suiker strooit en bakt de taart in een oven met matige hitte.

Voor het geval, dat men aan het deeg van den in R. 521 beschreven vorm de voorkeur geeft, wordt het deksel vervangen door de kruisgewijze reepen.

R. 529. **Amandeltaart**. Zeef 200 gram bloem. Roer 250 gram boter tot room, roer daarna een voor een 5 dooiers door de boter en 250 gram suiker; daarna de gezifte bloem en 120 gram gemalen of zeer fijn gesneden zoete amandelen. Men kan er ook het geraspte geel van een citroenschil doorroeren. Men bakt de taart gedurende een uur in een matig heeten oven, nadat men eerst het stijfgeklopte wit der 5 eieren door het beslag heeft geroerd.

R. 530. **Appelbeignets**. Maak een dik beslag van 250 gram bloem, 4 eierdooiers, een lepel olijfolie, ± 4 deciliter water en een weinig zout. Wanneer het beslag zal [174]worden gebruikt, roert men er het stijfgeklopte wit der eieren door. Daarna neemt men de appelen, die te voren geschild, geboord en aan dikke schijven gesneden zijn, dompelt eenige schijven in het dikke deeg en daarna in zeer heet plantaardig vet. Indien men raapolie gebruikt, moet men er eerst een korst roggebrood in laten braden om den sterken smaak aan de olie te onttrekken.

R. 531. **Appelbroodkoek (Appelcharlotte)**. 250 gram grahambrood wordt licht geroosterd en geraspt, 250 gram zoete amandelen worden geraspt. Om den koek te verzoeten voegt men er suiker of rozijnen bij. Als alles goed dooreen is geroerd, doet men ruim een ⅓ van het mengsel in een vorm, die vrij dik met boter bestreken en met beschuitkruimels bestrooid is. Als de bodem van den vorm goed bedekt is, zorge men, dat het mengsel tegen den rand wat hooger staat. Nu doet men er een laag van dik appelmoes in, dan weer een laagje van het mengsel, daarna weer een laag appelmoes en eindelijk het overschot van het mengsel. Men belegt den koek met dunne plakjes boter en bakt hem in een matig verhitten oven.

R. 532. **Appelkoek**. Men volgt geheel R. 527, behalve dat men moes van appelen in plaats van abrikozenmoes neemt.

R. 533. **Appelrijsttaart**. Men kookt rijst met krenten volgens R. 344. Nadat ze goed uitgedijd is, laat men ze koud worden. Dan neemt men taartendeeg (R. 519, 520 of 521), belegt er een taartvorm mee, zoodat het deeg boven den rand uitsteekt. Men verdeelt de rijst regelmatig met een lepel over de deegvlakte, legt daarover een laag dunne schijfjes van doorboorde en geschilde zure appelen, vervolgens een dunne laag goed gewasschen sultanarozijnen. Rijst, appelen en rozijnen mogen te zamen ruim een vinger hoog op het deeg liggen. Als [175]men een deksel van het taartendeeg er op heeft gelegd, en met boter bestreken, strooit men er wat poedersuiker over en bakt de taart bij matige hitte in den oven. Na een uur is hij gaar.

R. 534. **Appeltaart I**. Men volgt geheel R. 528 behalve dat men moes van appelen in plaats van abrikozenmoes neemt.

R. 535. **Appeltaart II**. Kneed 250 gram bloem, 160 gram boter, 80 gram suiker, het geraspte geel van een citroenschil en 2 eieren goed door elkaar. Zet het deeg op een koele plaats. Rol het (op een klein gedeelte na) uit en bedek er den bodem en den opstaanden rand van een springvorm mee. Vul den vorm met het moes van 4 of 5 appelen, dat men gezoet heeft met 40 gram suiker en waardoor men 30 gram fijngesneden amandelen heeft geroerd. Men legt er na de vulling kruisgewijze reepen van het achtergehouden deeg over. Vervolgens bestrijkt men de taart met geklopt ei en laat haar in een matig heeten oven gaar bakken.

R. 536. **Aubergines (gebakken)**. Men ontdoet de aubergines van de schil, snijdt ze daarna aan schijfjes, die men met een weinig zout bestrooit en dan een tijdlang laat staan. Men bakt ze met boter of plantenvet in een koekenpan. Men kan de aubergines afzonderlijk of met doperwtjes gegarneerd opdienen bij panpuree van aardappelen, (zie R. 422 en 423) of bij een rijstschotel.

R. 537. **Aubergine-beignets**. Men snijdt geschilde aubergines in schijfjes van een centimeter dikte, rangschikt de schijfjes naast elkaar op een schotel en zout en kruidt ze naar smaak. Na verloop van een half uur laat men ze op een schoonen doek uitdruipen; alle vochtigheid moet men verwijderen door ze met een schoonen doek af te [176]drogen. Middelerwijl heeft men een beslag gemaakt van 200 gram bloem, waardoor men 50 gram gesmolten boter, een lepel olie, twee eieren, een weinig zout en een genoegzame hoeveelheid melk roert. Men dompelt een schijfje in het beslag en dadelijk daarop in de frituurpan met kokende olie. Als de beignets een mooie kleur hebben, laat men ze uitdruipen. Men recht ze aan in den vorm van een krans met een garnituur van gefruite peterselie.

R. 538. **Capucijnerkoek**. Men mengt 250 gram boter met 250 gram suiker, 375 gram bloem, 80 gram geraspte zoete amandelen, 100 gram rozijnen zonder pitten en 8 geklutste eieren. Men beslaat alles goed met een pollepel, doet het deeg in een vorm met boter bestreken en met beschuit bestrooid, strooit bovenop nog wat suiker en bakt den koek in een goed gestookten oven gedurende 5 kwartier.

R. 539. **Gebakken Champignons**. Gave champignons worden goed gewasschen, aan schijfjes gesneden, die men daarna een poosje in lauw water te weeken zet. Daarna worden ze bij herhaling weer gewasschen, totdat alle zand er uit is. Vervolgens laat men ze op een vergiet goed uitlekken en dan legt men ze op een schaal, bestrooit ze met een weinig zout, voegt er wat fijngehakte uien en fijngehakte peterselie aan toe, schudt of roert ze herhaaldelijk om en bakt ze met boter lichtbruin. Daarna voegt men nog wat soja en wat heet water bij de champignons en laat ze nog een half uurtje doorstoven.

Bij het bakken gebruike men liefst een koekenpan van aluminium, omdat ze daarin het mooist van kleur blijven. Heeft men geen koekenpan van dat metaal dan bakt men ze bij kleine hoeveelheden en lette goed op de kleur. Men gebruikt gebakken champignons het best bij rijst, verder bij brood, macaroni en aardappelen. [177]

R. 540. **Chocoladetaart I**. Roer 125 gram boter tot room, voeg er langzaam bij 100 gram suiker, de dooiers van 3 eieren, 100 gram met water opgeloste cacaopoeder en 65 gram tarwebloem. Desverkiezende kan men er nog het binnenste van een half stokje vanille aan toevoegen. Nadat de bloem door het beslag is geroerd, blijft men nog een kwartier doorroeren. Daarna roert men het stijfgeklopte wit der eieren door het beslag, waarna men het overstort in een met boter gesmeerden springvorm. Men bakt de taart in een matig heeten oven gedurende een uur.

R. 541. **Chocoladetaart II**. Men lost 200 gram cacaopoeder op en roert het met 300 gram aardappelmeel, dat men eerst heeft aangemaakt, en met 10 eieren goed dooreen. Men zoet het beslag naar smaak en bakt het in een matig verhitten oven. Men belegt de taart met een glazuur volgens R. 522 of R. 523.

R. 542. **Colombijn**. Men neemt vier eierdooiers, waarbij niets van het wit mag zijn, roert die geruimen tijd naar één kant, raspt voorzichtig het geel van één citroen zonder het wit te raken, roert die met 100 gram witte suiker langzaam aan door de eierdooiers, neemt vervolgens 100 gram tarwebloem en stort dit, al roerende, door het beslag. Eindelijk roert men het stijfgeklopte wit der eieren door het beslag, doet het in een grooten vorm of in een aantal kleine vormpjes die men met wat boter heeft besmeerd en laat het anderhalf uur in een matig verhitten oven bakken.

R. 543. **Dadeltaart**. Dadels, die men liefst 2 × 24 uur te voren te weeken heeft gezet, worden ontkernd en op een taartendeeg gelegd, dat volgens R. 519, 520 of 521 is toebereid en dat men gelegd heeft op een springvorm, [178]dien men te voren met boter bestreken en met beschuitkruimels bestrooid heeft. Vervolgens legt men er een deksel van hetzelfde deeg op, dat men van boven met boter bestrijkt en met suiker bestrooit en zet daarna den vorm in den oven.

R. 544. **Drie in de pan**. Men maakt een beslag van een halven liter melk, 200 gram tarwebloem, 200 gram boekweitemeel, 100 gram sultanarozijnen, 100 gram krenten en een kleine hoeveelheid in lauw water opgeloste gist.

Men bakt er kleine koeken van, zoodat er drie tegelijk in de pan liggen.

R. 545. **Duitsche koek**. Men roert 275 gram boter tot room, voegt er al kloppende 350 gram gezeefde bloem aan toe en één voor één zeven eieren. Daarna voegt men er 275 gram gezeefde suiker bij en eindelijk 140 gram sucade en 275 gram sultanarozijnen met een weinig gerasp geel van een citroenschil. Als alles goed dooreengemengd is, bakt men den koek in een met boter of olie ingesmeerden bakvorm gedurende twee uren in een matig verwarmden oven.

R. 546. **Duizendjaarskoek**. Men roert 500 gram boter tot room. Dan voegt men er bij 10 eierdooiers, 200 gram fijngemalen amandelen, het geraspte geel van een citroenschil en 300 gram suiker. Vervolgens roert men er 500 gram gezeefde tarwebloem door en ten laatste het stijfgeklopte wit der eieren. Men doet het deeg in een met boter bestreken vorm en bakt den koek in een flink verhitten oven.

R. 547. **Engelsche koek**. Men hakt 500 gram gezeefde bloem met 250 gram boter door elkaar, voegt dan bij het deeg 250 gram suiker, 250 gram sultanarozijnen, 150 gram [179]fijngemalen amandelen en wat gerasp geel van een citroenschil. Men klopt de dooiers van 8 eieren en de witten afzonderlijk, roert eerst de geklopte eierdooiers en daarna het stijfgeklopte wit der eieren door het deeg, dat men vervolgens in een bakvorm doet, die eerst met boter of olie is ingesmeerd. Men bakt den koek in een matig warmen oven gedurende 1½ of 2 uur.

R. 548. **Evenveeltjes**. Van eieren (sterk geklopt), van tarwebloem, van gesmolten boter en van lauwe zoete melk neemt men *evenveel* bijv. van ieder een waterglas vol. Men beslaat het flink, laat het op een matig warme plaats rijzen en doet het deeg in kleine vormpjes en laat het bij matige hitte in den oven bakken of in een taartenpan met onder en boven vuur. Het deeg moet onder het bakken rustig staan, anders slaat het neer.

R. 549. **Flensjes**. Neem 3 eieren met een weinig zout, roer ze 5 minuten, voeg er 100 gram boter bij en daarna met kleine scheutjes ½ liter melk, zorgdragende dat het beslag niet klontert. Van dit beslag kan men 25 à 30 flensjes maken.

R. 550. **Flensjes (gevulde)**. Deze verkrijgt men door krenten, fijngesneden appelen enz. door het beslag te roeren zooals in R. 572 bij de manier van vulling van pannekoeken wordt voorgeschreven.

R. 551. **Frambozentaart**. Men volgt geheel R. 526 behalve, dat men in plaats van aardbeien thans frambozen als vulling neemt.

R. 552. **Gierstekoek**. Men neemt 500 gram gierst, die na herhaaldelijk gewasschen te zijn den nacht over in het water stond. Dat water giet men af en ververscht het [180]nog eens of tweemaal. Dan kookt men de gierst in water en laat ze flink uitdijen, daarna voegt men er aan toe 200 gram fijngesneden amandelen, 300 gram rozijnen zonder pitten, 250 gram boter, roert zoolang tot de brij koud is, roert er 6 à 8 eieren door en voegt er zooveel bloem bij, dat men een niet te vast deeg verkrijgt, waardoor men 50 gram in lauw water opgeloste gist roert. Vervolgens kneedt men het deeg zoo lang met de handen, totdat het niet meer aan schotel of vingers blijft hangen. Daarna doet men het in een met boter bestreken en met beschuit bestrooiden vorm, dien men op een matig warme plaats zet om het te laten rijzen. Als het deeg genoeg gerezen is, wordt er boven wat boter over gestreken en wat suiker er over gestrooid. Daarna zet men den vorm in een goed verhitten oven.

R. 553. **Griesmeelgebak**. Bij drie maatdeelen kokend water stort men al roerende één maatdeel griesmeel. Is de pap dik genoeg dan zoet men ze naar smaak, roert er een kluitje boter met wat geraspte citroenschil en wat fijn gemalen amandelen door. Men blijft roeren totdat de brij goed dik is. Dan roert men het stijfgeklopte wit der eieren er door, doet het beslag vervolgens in een met boter besmeerden vorm en bakt het in een matig verhitten oven lichtbruin. Men dient het gebak koud of warm op met een compote of een vruchtensaus.

R. 554. **Havermoutkoekjes**. In één liter water kookt men 180 gram geplette haver (havermout) gaar, die men kookt als boekweitegort (zie R. 359). Na afkoeling kneedt men er door een ei, wat krenten en sultanarozijnen, de geraspte schil van een citroen, suiker naar smaak en zooveel tarwebloem, dat men een stevig deeg verkrijgt. Dat deeg vormt men tot koekjes, die men bakt als *"Drie in de pan"* (R. 544). [181]

R. 555. **Havermouttaart**. In een liter melk kookt men 200 gram geplette haver (havermout) gaar, die men kookt als boekweitegort (zie R. 359). Bij 135 gram boter, die men tot room heeft geroerd, voegt men 4 eierdooiers, 55 gram witte suiker en 140 gram zoete amandelen. Als men een en ander goed heeft doorgeroerd, roert men er nog het stijfgeklopte wit der eieren door, stort het in een springvorm, dien men eerst met boter gesmeerd en met beschuitkruim bestrooid heeft en bakt de taart in den oven.

R. 556. **Italiaansch gebak**. Men beslaat 10 eieren met 250 gram suiker. Men plaatst het beslag "au bain-Marie" gedurende 20 minuten en blijft steeds doorroeren, terwijl men er 200 gram gezeefde keizersbloem en 200 gram gesmolten boter doormengt. Men drage bij het doorroeren vooral zorg dat er geen klontjes in het beslag blijven. Men stort vervolgens het beslag in een goed met boter of olie besmeerden bakvorm en laat het in ongeveer een half uur in een matig verhitten oven gaar bakken.

R. 557. **Karmeliterkoek**. Ongeveer 500 gram grahambrood wordt in water geweekt en tot een stijve pap geroerd. Mocht er te veel water op zijn, dan wordt dat vóór het roeren er afgegoten. Dan roert men er 60 gram boter door, 250 gram rozijnen (of zonder rozijnen met 125 gr. suiker) en 250 gram fijngehakte amandelen. Men roert alles flink door elkaar, zorgdragende een vast deeg te verkrijgen en doet dan het deeg in een vorm, die met boter bestreken en met beschuitkruimels bestrooid is. Daarna strijkt men er een dikke laag van pruimenmoes over. Het moes moet dikgekookt en door een zeef gewreven zijn en kan pas gebruikt worden, als het koud is.

Men bakt de taart in een goed verhitten oven. Men kan den koek, nadat hij uit den oven komt, met een citroenglazuur (R. 522 of 523) bestrijken. [182]

R. 558. **Kastanjekoek**. Kastanjes, 300 gram, worden, nadat zij gedopt en 10 minuten in kokend water gebroeid zijn, gepeld, met ½ liter water murw gekookt en door een zeef gewreven. Nu doet men in deze brij 4 eierdooiers, 50 gram geraspte zoete amandelen en 80 gram boter, roert er zooveel geraspt brood door, dat men een dun deeg krijgt en roert er vervolgens het tot stijf schuim geslagen wit door. Als men het deeg in een met boter besmeerden en met beschuitkruimels bestrooiden vorm heeft gedaan, zet men het in een matig heeten oven en laat het een uur bakken.

R. 559. **Kastanjetaart I**. Kastanjes worden behandeld als in R. 558 wordt voorgeschreven. Zure appelen worden goed gewasschen, geboord en *met* de schil in stukken gesneden, met wat water gestoofd en door een zeef gewreven. De kastanjes en het appelmoes worden vermengd en gelegd op een taartendeeg, bereid volgens R. 519, 520 of 521, waarmede men een te voren met boter bestreken en met beschuitkruimels bestrooiden vorm heeft belegd. Men legt er vervolgens een deksel van hetzelfde deeg op, besmeert het met boter en bestrooit het met wat suiker en bakt de taart in een gestookten oven.

R. 560. **Kastanjetaart II**. Kastanjes, 500 gram, worden behandeld als in R. 558 wordt voorgeschreven. Daarna wordt 100 gram boter tot room geroerd, waarbij men 125 gram witte suiker, 4 eieren en het geraspte geel van een citroenschil voegt en vervolgens de fijngewreven kastanjes. Ten laatste roert men het geklopte wit der eieren door het mengsel, waarna men het in een springvorm stort, dien men te voren met boter heeft bestreken en met fijne suiker bestrooid. Men bakt de taart in een tamelijk heeten oven gedurende een uur. Als de taart hard is, kan men ze glaceeren (zie R. 522 en 523) en garneeren. [183]

R. 561. **Kersentaart**. Men volgt geheel R. 526, behalve dat men in plaats van aardbeien thans ontkernde kersen als vulling gebruikt.

R. 562. **Kokosnootkoekjes**. Men roert 100 gram boter tot room, voegt er 10 gram poedersuiker bij met 3 eierdooiers, één liter melk, 150 gram fijngeraspte kokosnoot (zie R. 329) en 300 gram bloem, die men eerst goed heeft gezeefd. Na dit deeg goed te hebben gekneed, werkt men er het stijfgeklopte wit der drie eieren door. Van dit deeg snijdt men koekjes, die men met olie of boter insmeert en dan in een matig verwarmden oven 10 à 15 minuten laat bakken.

R. 563. **Kruisbessentaart**. Men volgt geheel R. 528, behalve dat men in plaats van abrikozenmoes thans moes van kruisbessen tot vulling neemt.

R. 564. **Moscovisch gebak**. Men hakt 120 gram gezeefde tarwebloem en 100 gram stijve boter met een mes tot zeer kleine stukjes. Men zoekt 100 gram krenten of krenten en rozijnen goed uit en wascht ze goed af met lauw water, waarna men ze op een stuk papier uitlegt en op of bij het fornuis laat drogen. Inmiddels roert men 5 eierdooiers met 100 gram suiker gedurende minstens een kwartier in dezelfde richting. Men vermengt dit luchtig met het stijfgeklopte wit der 5 eieren en klopt er dan de fijngehakte boter en bloem, de krenten (en rozijnen) door met nog 10 gram fijngesneden sucade. Daarna doet men het beslag in een grooten of in een aantal kleine vormen, die men te voren van binnen met boter heeft gesmeerd. De oven, waarin men het gebak plaatst, moet zeer flink verhit zijn, anders zakken de krenten (en rozijnen).

R. 565. **Oliebollen**. Men beslaat 500 gram tarwebloem, 300 gram [184]krenten, 200 gram rozijnen, 6 à 8 eieren, waarvan men de dooiers en het wit afzonderlijk stijfgeklopt heeft, met lauwwarm water en een weinig opgeloste gist tot een behoorlijke dikte. Tot het bakken gebruikt men zuivere raapolie, die men alvorens met een snede roggebrood uitgebraden heeft.

R. 566. **Omelette (met meel)**. Men klopt eenige eieren met wat water (desverkiezende melk) en wat bloem tot een dun vloeibaar deeg, giet dat deeg in een koekenpan, waarin men wat olie heeft gedaan of waarin men een kluitje boter heeft laten smelten en bakt het op een matig vuur gaar. Men moet telkens de omelette met een mes oplichten en er in steken om er de olie of de boter goed onder te laten loopen en ze luchtig te krijgen. Zoo noodig voegt men er onder het bakken wat olie of boter bij.

R. 567. **Omelette met tarwebloem (gevulde)**. Men klopt 2 eieren met wat water (desverkiezende melk) en wat bloem, en doet een kluitje boter of wat olie in de koekenpan. Voordat de boter bruin wordt, doet men het beslag in de pan en handelt verder volgens R. 566. Als de struif klaar is, legt men er gehakte peterselie op en vouwt ze dubbel. In plaats van peterselie kan men er ook verschillende soorten van dikgekookt vruchtenmoes opleggen of champignonragoût enz.

R. 568. **Opgerolde koek**. Men roert gedurende een half uur de dooiers van 15 eieren met 250 gram suiker, voegt daarna 200 gram bloem er aan toe en eindelijk het stijfgeklopte wit der eieren. Men plaatst een papier, rijkelijk met boter ingewreven op een bakblik en strijkt daarover het beslag uit. Men laat den koek bij matige hitte in den oven lichtbruin bakken. Is de koek gaar, [185]dan bestrijkt men hem met jam of marmelade, die men eerst met wat water heeft opgekookt, rolt hem op, glaceert hem (zie voor glazuur R. 438 en 439) en garneert hem vervolgens.

R. 569. **Pannekoeken van boekweitemeel**. Boekweitemeel (voor één pannekoek rekent men een opgehoopten eetlepel meel) wordt met de noodige hoeveelheid koud water flink beslagen. Vervolgens legt men een kluitje boter of doet men wat zuivere olie in de pan, giet het beslag op de gesmolten boter of de heete olie en bakt op een matig vuur eerst de eene zijde van den koek, terwijl men hem van tijd tot tijd oplicht en de pan naar die zijde laat hellen. Dat blijft men doen, totdat de oppervlakte niet meer vloeibaar is. Is de koek van onderen bruin, dan keert men hem en laat de andere zijde bakken, zoo noodig onder toevoeging van boter of olie. Aanbeveling verdient het voor de helft boter en voor de helft plantenboter te nemen.

R. 570. **Pannekoeken van boekweitemeel met eieren**. Van boekweitemeel, eenige eieren en wat melk of water vormt men een lijmig dik vloeibaar beslag en handelt verder als bij R. 569 is aangewezen.

R. 571. **Pannekoeken (gerezen) van boekweitemeel met eieren**. Men klopt 80 gram boter tot schuim, klopt er 6 à 7 eierdooiers bij, vervolgens voegt men er bij 1 liter melk, 500 gram boekweitemeel en 50 gram gist, in lauw water opgelost. Nadat alles flink beslagen is, voegt men er het stijfgeklopte wit der eieren bij, laat het beslag op een matig warme plaats een uur rijzen en handelt verder als in R. 569 is aangegeven. [186]

R. 572. **Pannekoeken (gevulde) van boekweitemeel met eieren**. Men maakt een beslag als in R. 570 of 571 is voorgeschreven. Men kan bij de vulling op drieërlei wijze te werk gaan.

Vooreerst kan men de vulling door het beslag roeren. Voor deze wijze van vulling komen in aanmerking kleine vruchten in verschen of gedroogden staat, aalbessen, kersen, krenten, rozijnen enz.; grootere vruchten als tomaten, appels enz. fijngesneden of gehakt; groenten, kruiden en wortels fijngesneden of gehakt, alsmede geraspte of in kleine stukjes gesneden kaas, noten, amandelen enz.

Een tweede manier van vulling is die, welke bij de omeletten gebruikelijk is. Men slaat den koek dubbel, nadat men hem belegd heeft met de een of andere ragoût of met het een of ander vruchtenmoes.

De derde wijze van vulling geschiedt aldus: Van het beslag giet men een weinig in de pan, laat het naar alle kanten uitloopen, spreidt gelijkmatig de vulling er over (hetzij een laag moes, hetzij schijfjes van kaas, van vruchten enz.) en giet dan weer een laag beslag over de vulling zoodat deze geheel bedekt is. Verder handelt men zooals in R. 569 is voorgeschreven.

R. 573. **Pannekoeken van ongebuild tarwemeel**. Men handelt met het beslaan en bakken als in R. 569 is voorgeschreven.

R. 574. **Pannekoeken van tarwebloem met eieren**. In plaats van boekweitemeel neemt men tarwebloem en handelt voorts volgens R. 570.

Men kan ook voor het beslag gelijke deelen boekweitemeel en tarwebloem nemen.

R. 575. **Pannekoeken (gerezen) van tarwebloem met eieren**. Men volgt R. 571, het boekweitemeel vervangende door tarwebloem. [187]

Men kan ook gelijke deelen boekweitemeel en tarwebloem nemen voor het beslag.

R. 576. **Pannekoeken (gevulde) van tarwebloem met eieren**. Men volgt R. 572 behalve dat men het boekweitemeel door tarwebloem vervangt.

R. 577. **Parijzerkoek**. Drie heele eieren en drie dooiers worden met 300 gram suiker drie kwartier geroerd; dan voegt men er 100 gram boter bij, die middelerwijl tot room geroerd is, verder 200 gram gezeefde tarwebloem, het sap van een citroen met een weinig afgerapst geel van de schil. Ten laatste wordt het stijfgeklopte wit van de drie eieren door het beslag geroerd, dat men dan in een ondiepen vorm doet en in een tamelijk heeten oven laat bakken. Voor tocht te vrijwaren om het neerslaan te voorkomen.

R. 578. **Perzikkoek**. Men volgt R. 527 behalve dat men in plaats van abrikozenmoes thans moes van perziken neemt.

R. 579. **Perziktaart**. Men volgt R. 528, maar neemt in plaats van abrikozenmoes thans moes van perziken tot vulling.

R. 580. **Pinksterkoek**. Men roert 250 gram boter tot room, voegt er al roerende bij kleine hoeveelheden 250 gram suiker, 250 gram aardappelmeel en 3 eierdooiers en wat gerapst geel van een citroenschil bij. Ten laatste roert men er het stijfgeklopte wit der 3 eieren door. Den koek bakt men in een flink met boter bestreken springvorm een half uur in den oven tot hij een helgele kleur heeft.

R. 581. **Pisang (gebakken)**. Na de pisangs van de schil te hebben ontdaan, snijdt men ze in de lengte door en bakt ze licht bruin in boter of plantenvet. Men dient ze op bij rijst. [188]

R. 582. **Pisangbeignets**. Men ontdoet de pisangs van de schil, snijdt ze in dikke schijven en wentelt deze in een dik beslag, beschreven in R. 530. Men bakt ze in heet plantaardig vet of boter, laat ze uitdruipen en bestrooit ze vervolgens met poedersuiker.

R. 583. **Poffertjes**. Van 250 gram tarwebloem en 250 gram boekweitemeel wordt met twee of drie eieren en de noodige hoeveelheid water en melk een beslag geklopt van behoorlijke dikte met toevoeging van 50 gram gist in lauw water opgelost. Nadat het beslag voldoende is gerezen, bakt men de poffertjes aan weerszijden in een poffertjespan, waarvan de gaten goed met boter zijn bestreken. Ze worden opgediend met boter en suiker.

R. 584. **Pruimenkoek**. Men volgt R. 527, maar vervangt het abrikozenmoes door moes van versche pruimen, van gedroogde pruimen of van pruimedanten.

R. 585. **Pruimentaart**. Men volgt R. 528, maar neemt in plaats van abrikozenmoes thans moes van versche of gedroogde pruimen of van pruimedanten tot vulling.

R. 586. **Rijstekoek**. Men kookt 500 gram rijst volgens R. 332 die men flink laat uitdijen. Dan handelt men verder als in R. 552 voor gierstekoek is voorgeschreven.

R. 587. **Rijstekoekjes**. Men maakt beslag van bloem, een paar eieren, suiker en melk, roert er het geraspte geel door van een citroenschil en daarna versch gekookte rijst, zoodat men een beslag krijgt dikker dan voor pannekoeken. Men bakt de koeken aan beide zijden met boter in een koekenpan.

R. 588. **Rijstetaart**. Men kookt 750 gram rijst volgens R. 332. Men [189]neemt 100 gram zoete amandelen, die men broeit, pelt en fijnsnijdt. Als de rijst gaar en uitgedijd is, roert men er de fijngesneden amandelen door met drie geklopte eierdooiers, 150 gram boter en 100 gram gesneden sucade. Als alles goed door elkaar is geroerd, voegt men er het geklopte wit der eieren aan toe en bakt de taart in een matig verhitten oven.

R. 589. **Schuimtaart**. Klop het wit van 4 eieren zeer stijf, roer er 250 gram poedersuiker door, knip 4 cirkels van carton en doe op elk der cartons een vierde deel van het beslag ter dikte van 1 of 1½ cM. Bak de lagen in een matig heeten oven, totdat ze geheel droog zijn. Tusschen de lagen legt men marmelade met suiker verdikt vruchtensap en de bovenste laag garneert men.

R. 590. **Soezen**. Gevulde soezen. Kneed 125 gram bloem en 100 gram boter met een vork goed door elkaar en doet ze dan in 3 deciliter *kokend* water met wat zout. Blijf roeren tot het deeg van de pan loslaat. Klop, als het deeg bekoeld is er één voor één drie eieren door. Hoe langer men klopt, hoe beter. Bestrooi een bakplaat met bloem, doop een lepel in koud water en leg stukjes deeg ter grootte van een ei op de bakplaat. Men bakt ze in een zeer heeten oven lichtgeel. De soezen moeten van binnen geheel droog en hol zijn.

Indien men de soezen vullen wil, snijdt men ze aan één zijde open, als ze warm uit den oven komen en vult ze met geslagen room of de eene of andere vlade (zie R. 159–169.)

R. 591. **Tomaten (gebakken)**. Mooie rijpe tomaten worden van de steeltjes ontdaan, gewasschen en in kokend water gedompeld, waarin ze niet langer dan een paar minuten mogen blijven. Dan ontdoet men ze van de schil, snijdt [190]ze aan tamelijk dikke schijven, die men in gestampte beschuit of in een dik beslag dompelt.

De schijven worden dan in boter of plantenvet aan beide zijden lichtbruin gebakken. Men kan ze opdienen bij rijst of macaroni.

R. 592. **Tulband**. Men roert 3 eieren met wat melk en 250 gram tarwebloem tot een beslag, voegt er 100 gram krenten en 100 gram sultanarozijnen bij, na die goed te hebben gewasschen, voorts 50 gram gesneden sucade, 100 gram boter, 100 gram suiker en een weinig in lauw water opgeloste gist. Als het na ½ uur goed gerezen is, doet men het beslag in een tulbandsvorm, dien men met boter en beschuitkruimels heeft bestreken en bakt den tulband in een matig verhitten oven.

R. 593. **Vierstruif**. Door een halven liter gekookte melk roert men, als ze koud geworden is, vier lepels meel, vier lepels suiker en vier stijf geklutste eieren met twee lepels boter. Men bakt van dat beslag vier struiven, aan één zijde gebakken, die men twee aan twee met de ongebakken zijden op elkander legt; tusschen de struiven legt men gehakte peterselie of vruchtenmoes enz. Compote van abrikozen is aan te bevelen.

R. 594. **Wafelen**. Roer 100 gram boter tot room, voeg al roerende er achtereenvolgens 4 eieren aan toe en 250 gram bloem en een fijngewreven en gezift keukenbeschuit met 25 gram gist, in lauw water opgelost. Nadat het beslag ter dege is geklopt, moet het 3 of 4 uur rijzen. Als men met bakken zal beginnen, roert men er een glas koud water door. Het wafelijzer moet zeer heet zijn. Men bestrijke het met geklaarde boter, doet dan het noodige beslag er in en bakt de wafel aan beide zijden bruin. Men bestrooit de wafel gewoonlijk met poedersuiker en kaneelpoeder. [191]

R. 595. **Weenertaart**. Roer 200 gram boter tot room, voeg er aan toe 200 gram suiker, de dooiers van 8 eieren, 50 gram zoete amandelen en het geraspte geel van een citroenschil. Na een half uur roerens voegt men er al roerende, bij kleine scheutjes, 200 gram bloem bij en daarna het stijfgeklopte wit der eieren. Men deelt het deeg in drie gelijke deelen, die men afzonderlijk in een met boter besmeerden springvorm bruin bakt. Tusschen de lagen legt men marmelade of jam en als de taart koud is, wordt ze geglaceerd (zie R. 522 en 523).

R. 596. **Wentelteefjes**. (*wentel-ze-eventjes*). (**Arme ridders**). Men klutst eenige eieren, doet op ieder ei een lepel melk; hierin weekt men halve beschuiten of licht geroosterde sneedjes oudbakken wittebrood. Men bakt die met boter en bestrooit ze met witte suiker.

N.B. Het overblijvende nat kan men voor pannekoeken of voor ander gebak gebruiken.

R. 597. **Zandkoekjes I**. Kneed 500 gram meel, 380 gram boter, 200 gram suiker en een ei goed dooreen. Men vormt de koekjes in vormpjes of met de hand tot balletjes en drukt ze met een vork plat. Bij elk balletje, dat men maakt, moeten handen en vork eerst in het water worden gehouden. Men bakt ze in een matig heeten oven.

R. 598. **Zandkoekjes II**. Kneed 300 gram bloem, 200 gram boter en 150 gram witte suiker goed dooreen op een niet te warme plaats, anders wordt de boter te week. Men vormt balletjes en ringetjes, die men in een matig heeten oven bakt. Nadat men de koekjes uit den oven heeft genomen, zet men ze op een zeer koele plaats.

R. 599. **Zandtaart I**. Men kneedt 300 gram bloem, 300 gram boter en 100 gram suiker flink dooreen, doet dat in [192]een springvorm, met boter besmeerd en met beschuitkruimels bestrooid, en bakt het in een oven bij matige hitte.

R. 600. **Zandtaart II**. Men roert 300 gram bloem, 300 gram boter en 200 gram suiker met 3 eieren en een weinig melk. Dit deeg wordt in een vorm gedrukt, die met boter besmeerd en met beschuitkruimels bestrooid is. De koek wordt in een matig heeten oven gebakken. Men kan hem, nadat hij koud geworden is, met gelei beleggen of hem met appel-, pruimen- of eenig ander vruchtenmoes opmaken.

1 De *g* van agar-agar spreke men uit als een zachte *k*; de *a* in de tweede en vierde lettergreep klinkt bijna toonloos.

[III]

Alphabetisch register.

A | B | C | D | E | F | G | H | I | J | K | L | M | O | P | R | S | T | U | V | W | Z

A.

1. Aalbessen (zwarte), 261
2. Aalbessenpudding, 495
3. Aalbessensoep, 46, 47
4. Aalbessenvlade, 159, 160
5. Aardappelcroquetten, 70
6. Aardappelen (gebakken), 174
7. Aardappelen (rauw gebakken), 175, 176
8. Aardappelen (gebr.) m. linzen, 186
9. Aardappelen (gebraden in de heete asch), 173
10. Aardappelen (gekookt in de schil), 170
11. Aardappelen (gekookt zonder schil), 171
12. Aardappelen (gepaneerde), 177
13. Aardappelen (gerezen), 180
14. Aardappelen (gesmoorde), 178
15. Aardappelen maître d'hôtel, 179
16. Aardappelen met andijvie, 213
17. Aardappelen met appelen, 271
18. Aardappelen met bechamelsaus, 181
19. Aardappelen met bieten, 185

1. Abrikozen met geslagen room, 266
2. Abrikozen met vanillevla, 266
3. Abrikozenkoek, 527
4. Abrikozenpudding, 496
5. Abrikozensaus, 142
6. Abrikozensoep, 50, 51
7. Abrikozentaart, 528
8. Amandelpudding (koude), 497
9. Amandelpudding (warme), 482
10. Amandelsaus, 152, 153
11. Amandeltaart, 529
12. Amandelvlade, 161
13. Ananaspudding, 498[IV]
14. Andijvie, 210
15. Andijvie (gestoofde stoelen), 211
16. Andijvie (gevulde stoelen), 212
17. Andijvie met aardappelen, 213
18. Andijviesla, 428
19. Andijviesla met bieten, 441
20. Andijviesoep, 3
21. Appelbeignets, 530
22. Appelbroodkoek, 531

20. Aardappelen met boerenkool, 239
21. Aardappelen met groenten (in den schotel gestoofd), 182
22. Aardappelen met knollen, 183
23. Aardappelen met koolrapen, 184
24. Aardappelen met kroten, 185
25. Aardappelen met peen, 187
26. Aardappelen met peren, 284
27. Aardappelen met peterselie, 179
28. Aardappelen met postelein, 188
29. Aardappelen met roode bieten, 185
30. Aardappelen met roode kool, 243
31. Aardappelen met savoyekool, 249
32. Aardappelen met tuinwortelen, 187
33. Aardappelen met uien, 189
34. Aardappelen met wittekool, 251
35. Aardappelen met wortelen, 187
36. Aardappelgebraad, 71
37. Aardappelknoedels, 401
38. Aardappelpannekoeken, 524
39. Aardappelpannekoeken (gevulde), 525
40. Aardappelpuree, 172
41. Aardappelsla, 427
42. Aardappelsoep, 1, 2
23. Appelcharlotte, 531
24. Appelen (blanke), 268
25. Appelen (gedroogde zoete), 269
26. Appelen (gedroogde zure), 269
27. Appelen (versche zoete), 267
28. Appelen (versche zure), 267
29. Appelen met aardappelen, 271
30. Appelen met bieten, 199, 200
31. Appelen met kroten, 199, 200
32. Appelen met peren, 270
33. Appelknoedels, 402
34. Appelkoek, 532
35. Appelmoes, 272
36. Appelmoes van gedr. appelen, 273
37. Appelpudding, 499
38. Appelrijsttaart, 533
39. Appelsla, 442, 443
40. Appelsoep, 52
41. Appeltaart, 534, 535
42. Arme ridders, 596
43. Artisjokken, 214
44. Asperges (gestoofde), 190
45. Asperges (slier- of sleep-), 207
46. Aspergesoep, 4
47. Auberginebeignets, 537
48. Aubergines (gebakken), 536
49. Aubergines (in den

43. Aardbeiencompote, 262
44. Aardbeien met geslagen room, 263
45. Aardbeien met vanillevla, 263
46. Aardbeienpudding, 494
47. Aardbeiensaus, 141
48. Aardbeiensoep, 48, 49
49. Aardbeientaart, 526
50. Abrikozencompote, 264
51. Abrikozen (gestoofde), 264
52. Abrikozen (gedroogde), 265

schotel gestoofd), 274
50. Aubergines (gevulde), 275
51. Australische sla, 444

B.

1. Bahmie, 358
2. Bananen (in den schotel gestoofd), 276
3. Bechamelsaus, 120
4. Bessensapsaus, 143
5. Bieten (roode), 198
6. Bieten (roode) en aardapp., 185
7. Bieten (roode) met zure appelen, 199
8. Bieten (roode) met zure appelen (gedroogde), 200
9. Bietensla, 435
10. Bietensla (gemengde), 455
11. Bietensoep, 5
12. Bladdeeg, 517, 518
13. Bladselderijsla, 429
14. Bladselderijsla (gemengde), 445
15. Blanke appelen, 268
16. Bleekselderij, 191
17. Bloemkool, 236

1. Boonen (bruine), 309
2. Boonen (groote of tuin), 259
3. Boonen (witte), 324
4. Boonencroquetten, 72[V]
5. Boonenpuree, 308
6. Boonensoep, 6
7. Boschbessencompote, 277
8. Boschbessensaus, 144
9. Boschbessenschotel met beschuit, 446
10. Boschbessenschotel met brood, 447
11. Boschbessenschotel met melk, 448
12. Boschbessensoep, 9
13. Boschbessenvlade, 162
14. Boter (gewelde), 121
15. Botersaus, 121, 122
16. Botersaus (bruine), 123, 124
17. Botersaus (pikante), 125

18. Bloemkool in den schotel gest, 237
19. Bloemkoolsoep, 8
20. Boekende grutjes, 359
21. Boekende grutjes met abrikozen, 360
22. Boekende grutjes met karnemelk, 361
23. Boekende grutjes met melk, 362
24. Boekende grutjes met pruimen of pruimedanten, 363
25. Boekweitegort, 359
26. Boekweitegort met abrikozen, 360
27. Boekweitegort met karnemelk, 361
28. Boekweitegort met melk, 362
29. Boekweitegort met pruimen of pruimedanten, 363
30. Boekweitegortreepen, 364
31. Boekweitemeelpap, 365
32. Boekweitemeelpap m. karnemelk, 366
33. Boekweitemeelpap m. zoete melk, 367
34. Boekweitemeelreepen, 368
35. Boerenkool, 238
36. Boerenkool met aardappelen, 239
37. Boerenmoes, 238

18. Brandnetels, 215
19. Brandnetelsoep, 7
20. Brij (Deensche), 370
21. Broodjes (gevulde), 83
22. Broodpap, 369
23. Broodpudding, 483, 484
24. Broodsoep, 10
25. Bruine boonen, 309
26. Bruine-boonencroquetten, 73
27. Bruine-boonenpuree, 310
28. Bruine-boonensoep, 11
29. Bruine botersaus, 123, 124
30. Bruinbrood, 475
31. Brusselsch lof, 216
32. Brusselsch lof (gest. bosjes), 217
33. Brusselsch lof (i.d. oven gestoofd) 218
34. Brusselsche spruitjes, 240
35. Brusselsche spruitjes m. kastanjes, 241
36. Brusselsch-lofsla, 440

C.

1. Capucijnercroquetten, 74
2. Capucijnerkoek, 538
3. Capucijnerpuree, 312
4. Capucijners (gedroogde rijpe), 311
5. Capucijners (jonge), 252
6. Capucijnersoep, 12
7. Champignoncroquetten, 75
8. Champignonragoût met pommes frites, 76
9. Champignons (gebakken), 539
10. Champignons (gestoofde), 192
11. Champignons (in den schotel gestoofde), 193
12. Champignonsaus, 126
13. Champignonsoep, 13
14. Chocoladepudding (koude), 500
15. Chocoladepudding (warme), 485
1. Chocoladesaus, 154
2. Chocoladesoep, 53
3. Chocoladetaart, 540, 541
4. Chocoladevlade, 163
5. Cichoreilof, 219
6. Cichoreilof (gestoofde bosjes), 220
7. Citroenpudding, 501
8. Citroenrijst, 502
9. Citroensaus, 145
10. Citroensaus met Jav. suiker, 146
11. Citroensoep, 54
12. Citroenvlade, 164, 165
13. Colombijn, 542
14. Crême aux amandes, 161
15. Crême au citron, 164, 165

D.

1. Dadelpudding, 503
2. Dadels, 278
3. Dadelsaus (warme), 129
4. Dadeltaart, 543
5. Deensche brij, 370
6. Doperwten, 253
1. Doperwten met worteltjes, 254
2. Dragonsaus, 127
3. Drie in de pan, 544
4. Duitsche koek, 545
5. Duizendjaarskoek, 546

[VI]

E.

1. Eiboonen, 313
2. Eiboonencroquetten, 97
3. Eiboonenpuree, 314
4. Eiboonensoep, 14
5. Eierbroodjes, 77
6. Eieren (gebroken), 96
7. Eieren (gegarneerde), 97
8. Eieren (gekookte), 98–100
9. Eieren (geroerde), 101–104
10. Eieren (gestoofde), 105
11. Eieren (gevulde), 106
12. Eieren (gezouten), 107
13. Eieren (verloren), 96
14. Eieren (Zwitsersche), 109

1. Eieren met bechamelsaus, 108
2. Eierfricassée, 110
3. Eierragoût met pommes frites, 78
4. Engelsche koek, 547
5. Engelsche selderij, 191
6. Engelsche spinazie, 224
7. Erwten (gele), 318
8. Erwten (grauwe), 311
9. Erwten (groene), 320
10. Erwtencroquetten, 80
11. Erwtenpuree, 315
12. Erwtensoep, 15
13. Evenveeltjes, 548

F.

1. Flageoletboonen, 316
2. Flageoletboonencroquetten, 81
3. Flageoletboonenpuree, 317
4. Flageoletboonensoep, 16
5. Flensjes, 549

1. Flensjes (gevulde), 550
2. Frambozenpudding, 504
3. Frambozensaus, 147
4. Frambozensoep, 55, 56
5. Frambozentaart, 551

G.

1. Gebak (Moscovisch), 564
2. Gedroogde abrikozen, 265
3. Gedroogde appelen (zoet, zure), 269
4. Gedroogde groenten, 260
5. Gedroogde kastanjes,

1. Gort met pruimedanten, 327
2. Gort met rozijnen, 328
3. Gortepap, 376
4. Grahambrood, 465–472
5. Grauwe erwten, 311
6. Grauwe-erwtencroquetten, 74
7. Grauwe-erwtenpuree, 312

303
6. Gedroogde peren, 283
7. Gedroogde perziken, 287
8. Gedroogde pruimen, 291
9. Gele erwten, 318
10. Gele-erwtencroquetten, 82
11. Gele-erwtenpuree, 319
12. Gele-erwtensoep, 17
13. Gewelde boter, 121
14. Gierst, 371
15. Gierst met melk, 372, 373
16. Gierst met pruimedanten, 374
17. Gierstekoek, 552
18. Glazuur, 522, 523
19. Gort (stijfgekookt), 326

8. Grauwe-erwtensoep, 18
9. Griesmeelgebak, 553
10. Griesmeelknoedels, 403
11. Griesmeelpap, 375
12. Griesmeelpudding, 505
13. Groene erwten, 320
14. Groene erwtenpuree, 321
15. Groene savoyekool, 246–248
16. Groene savoyekooltjes, 247, 248
17. Groentegebraad, 84
18. Groenten (gedroogde), 260
19. Groentesoep, 19–24

[VII]

H.

1. Hangop, 377
2. Haver (geplette) in karnemelk, 378
3. Haver (geplette) in zoete melk, 379
4. Haver (de) gort, 380
5. Haver met karnemelk, 381
6. Haver met pruimen of pruimedanten, 383
7. Haver met zoete melk, 382
8. Havermout met kar-

1. Havermoutkoekjes, 554
2. Havermouttaart, 555
3. Heerenboonen, 255
4. Heerenboonen en peren, 285
5. Heerenboonensla, 430
6. Hollandsch lof, 219
7. Hollandsch lof (gest. bosjes), 220
8. Hoveniersterslla, 449
9. Hutspot, 194

nemelk, 378
9. Havermout in zoete melk, 379

I.
1. Italiaansche sla, 450
1. Italiaansch gebak, 556

J.
1. Jan in den zak, 491, 492
1. Jungbornbrood, 474

K.
1. Kaapsche wolken, 506
2. Kalfsoogen, 119
3. Karmeliterkoek, 557
4. Karnemelkpudding, 507
5. Karnemelksche pap, 366
6. Kastanjebroodjes, 85
7. Kastanjekoek, 558
8. Kastanjepudding, 486
9. Kastanjes, 302
10. Kastanjes (gedroogde), 303
11. Kastanjes met abrikozen, 307
12. Kastanjes met appelmoes, 304
13. Kastanjes met dadels, 307
14. Kastanjes met peren, 307
15. Kastanjes met pruimen, 307
16. Kastanjes met room, 305
17. Kastanjes met tomaten, 306
18. Kastanjes met vijgen, 307
19. Kastanjes met vruchten, 307
20. Kastanjesoep, 25
21. Kastanjetaart, 559, 560

1. Knolselderij, 196
2. Knolselderijsla, 433
3. Koek (opgerolde), 568
4. Kokosnoot met geslagen room, 451
5. Kokosnootkoekjes, 562
6. Kokosnootpudding, 509[VIII]
7. Komkommers (gestoofde), 279
8. Komkommers (gevulde), 280
9. Komkommersla, 432
10. Komkommersla (gemengde), 452
11. Kool (roode), 242
12. Kool (roode) met aardappelen, 243
13. Kool (roode) met zure appelen, 244
14. Koolcroquetten, 86

22. Kersenpudding, 508
23. Kersensaus, 148
24. Kersensoep, 57
25. Kersentaart, 561
26. Kerststollen, 480, 481
27. Ketan met kokosnoot en arènsuiker, 329
28. Ketelkoek, 491, 492
29. Kervelsoep (zoete), 58
30. Kievitsboonen, 313
31. Kievitsboonencroquetten, 79
32. Kievitsboonenpuree, 314
33. Kievitsboonensoep, 14
34. Knapbrood (Zweedsch), 473
35. Knollen, 195

15. Koolcroquetten (gevulde), 87
16. Koolrapen, 197
17. Koolsla, 431
18. Koolsla (gemengde), 453, 454
19. Koolsoep, 26, 27
20. Krentenbrood, 479
21. Kropsla, 434
22. Kroten, 198
23. Kroten met aardappelen, 185
24. Kroten met zure appelen, 199
25. Kroten met gedroogde appelen, 200
26. Krotensla, 435
27. Krotensla (gemengde), 455
28. Krotensoep, 5
29. Kruisbessenpudding, 510
30. Kruisbessensoep, 59
31. Kruisbessentaart, 563
32. Kweeperen, 281
33. Kweeperensaus, 149
34. Kwee talam, 511

L.

1. Lammetjespap, 367
2. Lamsooren, 221
3. Linzen, 322
4. Linzencroquetten, 88

1. Linzenpuree, 323
2. Linzensoep, 28–30
3. Lof (Brusselsch), 216–218
4. Lof (Hollandsch), 219, 220

M.

1. Macaroni, 384
2. Macaroni met kaas, 385
3. Macaroni met pikante saus, 386
4. Macaroni met rozijnen, 387
5. Macaroni met tomaten, 388
6. Macaronipap, 389
7. Macaronipudding, 487
8. Macaronisoep, 31
9. Maizenapap, 390
10. Maizenapudding, 512
1. Mayonnaise, 137, 138
2. Mayonnaiseroom, 139
3. Meelknoedels, 404
4. Melde, 222
5. Melksaus, 155, 156
6. Melksoep met kokosnoot, 60
7. Melkvlade, 166
8. Molsla, 436
9. Molsla (gestoofde), 223
10. Moscovisch gebak, 564

O.

1. Oliebollen, 565
2. Omelette, 111
3. Omelette (Fransche), 112
4. Omelette (gevulde), 112–119, 567
5. Omelette met champignonragoût, 113
6. Omelette met champignons, 114
7. Omelette met kaas, 115
1. Omelette met meel, 566
2. Omelette met tarwebloem (gevulde), 567
3. Omelette met uienragoût, 116
4. Omelette met vruchten, 117
5. Omelette met zuring, 118
6. Omelette zonder meel, 111
7. Opgerolde koek, 568

[IX]

P.

1. Panbieten, 418
2. Panbloemkool, 407
3. Panboonen, 408
4. Panbrood met appelen,
1. Perziken met geslagen room, 288
2. Perziken met vanillesaus, 288

409
5. Panbrood met appelm., 410, 411
6. Panbrood met champignons, 412
7. Panbrood met tomaten, 413
8. Panbrood met zuring, 414
9. Pangierst, 415
10. Pangroenten m. aardappelpur., 416
11. Pankool, 417
12. Pankroten, 418
13. Panmacaroni, 419, 420
14. Panmacaroni met kastanjes en tomaten, 421
15. Pannekoek v. boekw.meel, 569, 570
16. Pannekoeken van boekw.meel (gerezen), 571
17. Pannekoeken van boekw.meel (gevulde), 572
18. Pannekoek van ongeb. tarwemeel, 573
19. Pannekoeken van tarwebloem, 574
20. Pannekoeken van tarwebloem (gerezen), 575
21. Pannekoeken van tarwebloem (gevulde), 556
22. Panpuree v. aardappelen, 422, 423
23. Panrijst met zuring,

3. Perzikencompote, 286
4. Perzikenpudding, 514
5. Perzikensla, 457
6. Perzikensoep, 62
7. Perzikkoek, 578
8. Perziksaus, 150
9. Perziktaart, 579
10. Peterseliesaus, 128
11. Peterseliesoep, 32
12. Peultjes, 256
13. Piet-Heinboonen, 313
14. Piet-Heinboonencroquetten, 79
15. Piet-Heinboonenpuree, 314
16. Piet-Heinboonensoep, 14
17. Pikante botersaus, 125
18. Pikante stoofsaus, 131
19. Pinksterkoek, 580
20. Pisang (gebakken), 581
21. Pisangbeignets, 582
22. Poffertjes, 583
23. Pommes frites, 176
24. Pommes de terre soufflées, 180
25. Pompoenen, 289
26. Postelein, 225
27. Prei, 203
28. Preisoep, 33
29. Princessenboonen, 255
30. Princessenboonen en peren, 285
31. Princessenboonensla, 430
32. Pruimedanten, 293
33. Pruimen (gedroogde), 291
34. Pruimen (gestoofde), 290
35. Pruimen met geslagen room, 292

24. Pantomaten, 425
25. Panuien, 426
26. Parelgortpap met karnemelk, 391
27. Parelgortpap met zoete melk, 392
28. Parijsche sla, 456
29. Parijzer koek, 577
30. Pasteitjes, 89
31. Patientie, 224
32. Peen (jonge), 201
33. Peen (oude), 202
34. Peren, 282
35. Peren (gedroogde), 283
36. Peren met aardappelen, 284
37. Peren met appelen, 270
38. Peren met heeren-, princessen-, sla- of spergeboonen, 285
39. Perenpudding, 513
40. Perensoep, 61
41. Perziken (gestoofde), 286
42. Perziken (gedroogde), 287

36. Pruimen met vanillesaus, 292
37. Pruimencompote, 290
38. Pruimenkoek, 584
39. Pruimensaus (koude), 151
40. Pruimensaus (warme), 129
41. Pruimensoep, 63, 64
42. Pruimentaart, 585

[X]

R.

1. Raapstelen, 226
2. Raapstelen met aardappelen, 227
3. Rhabarbermoes, 204
4. Rhabarbersoep, 65
5. Ridders (arme), 596

1. Rijst met savoyekool, 353
2. Rijst met vruchten, 356
3. Rijst met worteltjes, 346, 347
4. Rijst met zuring, 357

6. Rijst, 330–332
7. Rijst met appelen, 333
8. Rijst met bloemkool, 334–335
9. Rijst met Bruss. spruitjes, 336
10. Rijst met champignons, 337
11. Rijst met doperwten, 338
12. Rijst met groene erwten, 339
13. Rijst met karnemelk, 397
14. Rijst met knolletjes, 340
15. Rijst met knolrapen, 343
16. Rijst met knolselderij, 341
17. Rijst met kokosnoot, 342
18. Rijst met koolrapen, 343
19. Rijst met krenten, 344
20. Rijst met kroten, 345
21. Rijst met roode bieten, 345
22. Rijst met peen, 346, 347
23. Rijst met peultjes, 348
24. Rijst met poja en kroepoek blinjoe, 349
25. Rijst met ponpoen, 350
26. Rijst met rhabarber, 351
27. Rijst met sajor, 352
28. Rijst met schorseneren, 354
29. Rijst met tomaten, 355

5. Rijstcroquetten, 90
6. Rijstebrij, 393, 394
7. Rijstebrij m. sina'sapp. (koud), 395
8. Rijstekoek, 586
9. Rijstekoekjes, 587
10. Rijstepap met santen, 396
11. Rijstepudding, 488
12. Rijstetaart, 588
13. Rijsteknoedels, 405
14. Riz glacé, 502
15. Roereieren, 101–104
16. Roode bieten, 198
17. Roode bieten met aardappelen, 185
18. Roode bieten met zure appelen, 199
19. Roode bieten met gedr. appelen, 200
20. Roode kool, 242
21. Roode kool met aardappelen, 243
22. Roode kool met zure appelen, 244
23. Roode-koolsla, 437
24. Roompudding, 515
25. Roomsaus, 157
26. Roomvlade, 167
27. Rozebottels, 294
28. Rozijnensaus (warme), 129
29. Rozijnensoep, 66

S.

1. Sago-crême, 168

1. Slaboonensla, 430

2. Sagopap, 398
3. Sagopudding, 489
4. Savoyekool, 225
5. Savoyekool (groene), 246–248
6. Savoyekool met aardappelen, 249
7. Savoyekooltjes (gest. groene), 247
8. Savoyekooltjes (gev. groene), 248
9. Saus (zure), 135
10. Schorseneren, 205, 206
11. Schorsenerensoep, 34, 35
12. Schuimtaart, 589
13. Schijngehakt, 91, 92
14. Selderij (Engelsche), 191
15. Selderijsla, 429, 433, 445
16. Selderijsoep, 36
17. Sina'sappels met geslagen room, 295
18. Sina'sappelpudding, 516
19. Sina'sappelsoep, 67
20. Sla (Australische), 444
21. Sla (gestoofde), 228
22. Sla (gestoofde kropjes), 229
23. Sla (gevulde kropjes), 230
24. Sla (Italiaansche), 450[XI]
25. Sla (Parijsche), 456
26. Slaboonen, 255
27. Slaboonen met peren, 285

2. Slasaus, 140
3. Sleepasperges, 207
4. Slierasperges, 207
5. Snijbiet, 231
6. Snijboonen, 257
7. Snijboonen met witte boonen, 258
8. Soezen, 590
9. Spergeboonen, 255
10. Spergeboonen met peren, 285
11. Spergeboonensla, 430
12. Spiegeleieren, 119
13. Spikkelboonen, 313
14. Spikkelboonencroquetten, 79
15. Spikkelboonenpuree, 314
16. Spikkelboonensoep, 14
17. Spinazie, 232
18. Spinazie (Engelsche), 224
19. Spinaziecroquetten, 93
20. Spinazieknoedels, 406
21. Spinaziesla, 438
22. Spruitjes (Brusselsche), 240
23. Spruitjes (Brusselsche) met kastanjes, 241
24. Stoofsaus, 130
25. Stoofsaus (pikante), 131
26. Stoofsaus (zure), 132

T.

1. Taartendeeg, 519–521
2. Tamarindemoes, 296
3. Tamarindemoes met gesl. room, 297
4. Tapiocapap, 399
5. Tarwebrood (van ongebuild meel), 475, 476
6. Tomaten, 298–300
7. Tomaten (gebakken), 591
8. Tomaten (in d. schotel gestoofd), 299

1. Tomaten (gevulde), 591
2. Tomatensaus, 133
3. Tomatensla, 458, 459
4. Tomatensoep, 37, 38
5. Tuinboonen, 259
6. Tuinwortelen, 201
7. Tulband, 592
8. Tulpsla, 460

U.

1. Uien (gestoofde), 208
2. Uien (gevulde), 209
3. Uienragoût met pommes frites, 94

1. Uiensaus, 134
2. Uiensoep, 39, 40

V.

1. Vanillesaus, 158
2. Vanillevlade, 169
3. Veldsla, 439
4. Verloren eieren, 96
5. Vermicellipap, 400
6. Vermicellisoep, 41

1. Vierstruif, 593
2. Vruchtensappudding (warme), 490
3. Vruchtensaus (warme), 129
4. Vruchtensoep, 68
5. Vruchtensla, 461–463
6. Vijgen (gestoofde), 301

[XII]

W.

1. Wafelen, 594

1. Witte-boonenpuree,

2. Weenertaart, 595
3. Wentelteefjes, 596
4. Winterwortelen, 202
5. Witlof, 216
6. Witlof (gestoofde bosjes), 217
7. Witlof (in den oven gestoofd), 218
8. Witlofsla, 440
9. Witte boonen, 324
10. Witte-boonencroquetten, 95
    325
2. Witte-boonensoep, 42
3. Wittebrood, 478
4. Witte kool, 250
5. Witte kool met aardappelen, 251
6. Wortelen (jonge), 201
7. Wortelen (oude), 202
8. Worteltjes met doperwten, 254
9. Wortelsoep, 43, 44

Z.

1. Zakkoek, 491, 492
2. Zandkoekjes, 597, 598
3. Zandtaart, 599, 600
4. Zeekraal, 233
5. Zure saus, 135
6. Zure stoofsaus, 132
7. Zuring, 234
8. Zuring met krenten, 235
9. Zuring met rozijnen, 235
1. Zuring met pruimedanten of pruimen, 235
2. Zuringsaus, 136
3. Zuringsoep, 45
4. Zuringsoep (zoete), 69
5. Zwampudding, 493
6. Zweedsch hard brood, 477
7. Zweedsch knapbrood, 473
8. Zwitsersche eieren, 109
9. Zwitsersche sla, 464

Inhoudsopgave

- Inhoud.
- Voorbericht.
- Raadgevingen voor wie vegetarisch wenschen te gaan leven.
- Soepen.
    - A. Botersoepen.
    - B. Zoete soepen.
- Voorgerechten.
- Eiergerechten.
- Sausen en vla's.
    - A. Warme sausen.
    - B. Koude sausen.
    - C. Vruchtensausen.
    - D. Melksausen.
    - E. Vla's en crêmes.
- Hoofdstuk VI.: Hoofdgerechten van jonge planten en jonge plantendeelen.
    - A. Stengel- en worteldeelen.
    - B. Gestoofde bladgroente.
    - C. Koolsoorten.
    - D. Jonge peulvruchten.
    - E. Gedroogde en ingezouten jonge plantendeelen.
    - F. Gestoofde vruchten en compotes.
    - G. Gestoofde kernvruchten.
- Hoofdgerechten uit rijpe peul- en graanvruchten in gedroogden staat.
    - A. Gedroogde rijpe peulvruchten.
    - B. Gedroogde rijpe graanvruchten in ongebroken vorm.
    - C. Gedroogde rijpe graanvruchten in brij- en papvorm.
    - D. Knoedels.
- Panspijzen.
- Slaschotels.
    - A. Eenvoudige slaschotels.

- - B. Gemengde slaschotels.
- Brood.
  - A. Ongerezen brood.
  - B. Gerezen brood van ongebuild meel.
  - C. Gerezen brood van gebuild meel.
- Nagerechten.
  - A. Warme puddingen.
  - B. Koude puddingen.
  - C. Taartenkorst, glazuur.
  - D. Struif, taarten en andere gebakken.
- Alphabetisch register.
  - A.
  - B.
  - C.
  - D.
  - E.
  - F.
  - G.
  - H.
  - I.
  - J.
  - K.
  - L.
  - M.
  - O.
  - P.
  - R.
  - S.
  - T.
  - U.
  - V.
  - W.
  - Z.

Verbeteringen

De volgende verbeteringen zijn aangebracht in de tekst:

Bron	Verbetering
VII	VIII
de de	de
[*Niet in bron*]	"
maaar	maar
schoonge-gemaakt	schoongemaakt
Schorseneresoep	Schorsenerensoep
á	à
doe	doet
á	à
á	à
,	.
Capucijndercroquetten	Capucijnercroquetten
capucijnders	capucijners
savoie-	savoye-
savoiekool	savoyekool
Met	Men
gezamentlijk	gezamenlijk
blaz	bladz
[*Niet in bron*]	,
apppelen	appelen
stijfgekfopt	stijfgeklopt
Chichoreilof	Cichoreilof
[*Niet in bron*]	.
[*Niet in bron*]	.
R. is 255	R. 255 is
[*Niet in bron*]	.
fijngegestampte	fijngestampte

de	[*Verwijderd*]
bruine-	bruine
Teglijk	Tegelijk
om om	om
Marcaroni	Macaroni
rijstenbrij	rijstebrij
bootje	boter
fijgemaakt	fijngemaakt
,	.
.)	).
[*Niet in bron*]	.
met	men
Hoofstuk	Hoofdstuk
Met	Men
[*Niet in bron*]	.
[*Niet in bron*]	.
[*Niet in bron*]	,
Appelrijstaart	Appelrijsttaart
schfl	schil
.	,
[*Niet in bron*]	,
Perzlkkoek	Perzikkoek
[*Niet in bron*]	R.
.)	).
balletje	balletjes
[*Niet in bron*]	.
[*Niet in bron*]	,
[*Niet in bron*]	,
[*Niet in bron*]	)